“十二五”全国计算机专业高等教育精品课程教材

编委会专家组/审定

J2ME 手机游戏开发教程

Mobile Game Programming in J2ME

策划◎ 创意智慧图书

著◎ 张 鹏

京华出版社

北 京

内容简介

本书是专为想在较短时间内通过课堂教学或自学，快速掌握用 J2ME 开发当下最为流行的、在手机平台上运行的 9 类游戏的理论知识、开发流程、开发方法和具体编写代码的优秀教科书。本书根据教学大纲，由多年在一线组织课堂教学和社会培训的实践经验丰富的教师编写，旨在帮助读者提高和掌握 J2ME 开发手机游戏的基础知识、原理和实际编程能力及技能。

本书由 10 章组成。通过简单项目、《猜数字》、《拼图》、《动物赛跑》、《无敌抢钱鸡》、《黑白棋》、《MM 历险记》、《马里奥》、《坦克大战》）等完整实例，生动直观地讲解如何用 J2ME 开发文字、益智、体育、休闲、棋牌、角色扮演、冒险、射击这 9 类手机游戏的基本原理和和编程方法。

本书特色：基础知识+难点与讲解+范例开发流程图+各流程程序编写方法+全部源程序代码的方式，直观、生动、具体，授人以渔，大大降低学习难度，激发学生的学习兴趣和动手编程的欲望；通俗易懂，图文并茂，边讲解边操作。书中提供的全部源程序代码稍加改进即可为读者“据为他用”，为毕业后进入游戏一线领域就业打下基础。

适用范围：全国高等教育院校游戏软件专业、通信专业或计算机专业教材，广大手机游戏编程爱好者实用的自学用书。

说明：本书提供所有游戏的源程序代码下载和配套电子教案，方便学习、借鉴和修改。

图书在版编目(CIP)数据

J2ME 手机游戏开发教程/张鹏著. —北京：京华出版社，2010.3

ISBN 978-7-80724-835-4

Ⅰ. ①J… Ⅱ. ①张… Ⅲ. ①JAVA 语言—程序设计—高等学校—教材②移动通讯—携带电话机—游戏—应用程序—程序设计—高等学校—教材 Ⅳ. ①TP312②G899

中国版本图书馆 CIP 数据核字（2010）第 034228 号

策　　划　创意智慧图书
书　　名　J2ME 手机游戏开发教程
作　　者　张 鹏
责任编辑　秦仁华
责任校对　乔玉荣
责任印制　周京艳
出　　版　京华出版社
发　　行　北京创意智慧教育科技有限公司
发行地址　北京市海淀区知春路 111 号理想大厦 909 室（邮编：100086）
经　　销　全国新华书店

发 行 部　（010）82665118 转 8016、8007
　　　　　（010）82665789（传真）
技术支持　qinrh@126.com
编 辑 部　（010）82665118 转 8015、8002
排　　版　创意智慧图书输出中心　巧歌
印　　刷　廊坊时嘉印刷有限公司
版　　次　2010 年 6 月北京第 1 版
印　　次　2010 年 6 月北京第 1 次印刷
开　　本　787mm×1092mm　1/16
印　　张　11.25
字　　数　247 千字
印　　数　1-3000
定　　价　39.00 元

“十二五”全国计算机专业高等教育精品课程教材

编 委 会

本书序

科技高速发展的今天，手机已经成为大多数人生活中的一部分，人们也渐渐习惯于将手机作为新的娱乐工具，越来越多的人陶醉于手机游戏带来的新鲜体验。

本书是一本专门介绍如何用 J2ME 开发手机游戏的专业教材。作者长期在一线从事手机游戏的开发和教学工作，积累了丰富的实践经验。本书从易教与易学的实际目标出发，用丰富的范例对手机游戏开发的基础知识和技能进行了生动、直观的讲解。

本书内容：全书由 10 章构成，并通过制作 9 款不同类型的游戏实例（简单项目、《猜数字》、《拼图》、《动物赛跑》、《无敌抢钱鸡》、《黑白棋》、《MM 历险记》、《马里奥》、《坦克大战》），逐步讲解 9 类手机游戏的开发技能，特点、发展史等基础知识。

本书特点：内容丰富、新颖、通俗易懂，图文并茂，边讲解边操作，大大降低学习难度，激发学习兴趣和动手的欲望。全书从始至终以掌握手机游戏编程技能为重点，任务明确，步骤清晰，操作方便。9 款最流行类型手机游戏的范例，均提供开发流程图、难点分析和解决方案，授人以渔，即学即用。每一个手机游戏编程实例就是一个活的模板，读者稍加改进即可为己所用，为进入相关企业工作打下基础。提供所有游戏的源程序代码下载，方便学习、借鉴和修改运用。

本书可以作为游戏、计算机或通信专业的本科生、专科生或高职生相应课程的教材，亦可作为手机游戏开发者的自学用书。书中各章节都附有习题及上机操作，这些内容不仅仅是为了便于学生复习思考，更主要的是作为课堂教学的一种延续。书中所附的某些设计性的习题或上机操作可用来组织学生进行讨论。

感谢李伟老师在本书的编写过程中所提供的一切帮助；感谢王雪梅教授与高明明、王志凯、李季等几位教师在本书的编写初期提出的宝贵意见；感谢魏佳彤老师对本书的初稿进行的反复校验；感谢冯胜利、谢颂蒙、刘大勇、刘佳、李淇越、郑广思等手机游戏开发工程师对本书的实例进行的多次验证；感谢李林军、李野、雷志梅、连淑影、翟迪、王雅君、刘雨波等几位同学对初稿进行的认真阅读和建议，使这本书的可读性和使用性更强。

由于时间紧迫，笔者虽尽全力，但书中难免会出现不足、甚至有纰漏之处，欢迎广大读者指正，以便今后修订。

在使用本过程中的任何问题请直接与 zhangpeng_book@126.com 联系。

编　者

《J2ME 手机游戏开发》教学大纲

一、课程性质

游戏、通信或计算机专业课。

二、预修课程

计算机应用基础、Java 语言程序设计（或 C 语言程序设计、或 C++语言程序设计）。

三、教学目的

通过本课程的教学，使学生掌握手机游戏的基本概念，掌握手机游戏开发设计的基本原理、技巧和方法，并能够利用 Java 语言编写常见的手机游戏程序，同时还具有一定的程序调试能力，为日后进入手机游戏的一线开发队伍打下坚实的基础。

四、基本内容

手机游戏的基本概念；手机游戏应用开发、编程框架、文字控制、图像显示、音效播放、记录存储、高级组件等方面的基础知识与技能；各类游戏的基础知识与开发方法。

五、基本要求

1. 了解手机游戏的基本概念。
2. 熟悉 J2ME 集成开发环境。
3. 掌握各种游戏的定义、特点、分类、用户群及开发要求。
4. 掌握 J2ME 手机游戏开发的具体过程、实际操作和实际难题的解决方法。
5. 通过实践操作，逐步掌握 J2ME 的编程框架、文字控制、图像显示、音效播放、记录存储等开发知识。

六、总学时分配表

（总学时 72，其中授课 21，具体安排见下表）

内　容	讲授	实验	备注
第 1 章　概述	2	0	
第 2 章　开发简单项目	1	3	
第 3 章　开发文字游戏	2	5	
第 4 章　开发益智游戏	2	5	
第 5 章　开发体育游戏	2	5	
第 6 章　开发休闲游戏	2	5	
第 7 章　开发棋牌游戏	3	6	
第 8 章　开发角色扮演游戏	3	6	
第 9 章　开发冒险游戏	2	8	
第 10 章　开发射击游戏	2	8	
合计	21	51	总学时为 72 学时

本书各实例的游戏类型、制作各实例所需要掌握的核心理论知识与技能见下表。

本书各章实例的类型与核心知识对应表

游戏实例名称	所属的游戏类型	对应的核心知识
《HelloWorld》	基础项目	1. 开发环境的配置 2. 开发流程（步骤）演示
《猜数字》	文字游戏	1. 对话框控件的使用 2. 随机数字的产生
《拼图》	益智游戏	1. 画布理论 2. 直接显示图片的方法 3. 按键响应的处理方法
《动物赛跑》	体育游戏	1. 精灵动画原理 2. 图层原理 3. 图像居中（屏幕中心）方法
《无敌抢钱鸡》	休闲游戏	1. 精灵参考点的设置 2. 精灵图像的旋转方法 3. 精灵的碰撞检测方法
《黑白棋》	棋牌游戏	1. 切片组层的应用 2. 标题画面的制作 3. 初级人工智能的实现
《MM 冒险记》	角色扮演游戏	1. 文件的读写方法 2. 层管理器的应用 3. GameCanvas 程序框架 4. “摄像机跟随”的实现
《马里奥》	冒险游戏	1. 声效的播放方法 2. 功能按钮的实现 3. 人物动作状态的控制
《坦克大战》	射击游戏	1. 游戏对象的确定 2. 对象关系的处理 3. 各种基础技能的综合应用

目　录

第一章　概述

本章内容提要

本章由由8节组成。简要介绍我国目前手机游戏市场的发展状况，游戏分类，开发团队，开发流程，开发平台和9种产品实例效果。最后2节是本章小结和作业安排。旨在帮助学生快速了解和掌握本行业的基本知识，培养和激发学生的学习兴趣和动手创作的欲望。

本章学习重点

- 手机游戏市场
- 手机游戏分类
- 手机游戏的开发团队
- 手机游戏的开发流程
- 手机游戏的开发平台
- 实例效果

本章教学环境：多媒体教室

学时建议：2小时（其中讲授2小时，实验0小时）

学习手机游戏的制作，首先需要了解手机游戏的市场、分类、运营方式、开发团队与开发流程等基础知识，其次还要了解各种开发语言及相应的开发工具。

第一节　手机游戏市场

关键点：①市场状况、②运营方式。

随着科技的发展，手机的功能越来越强大，而游戏也已成为手机上不可缺少的功能。如今手机游戏的规则越来越复杂，画面越来越精美，娱乐性和交互性也越来越强。

一、市场状况

国内手机游戏市场逐步升温。据统计，2005年中国手机游戏产业规模达到13亿元人民币，与上年同比增长113.1%。随着手机游戏技术的日益成熟，收费逐渐下降，手机游戏业正处于一个利润稳定增长期。

手机娱乐服务被公认为是带动移动数据业务快速发展的重要力量。我国政府大力扶持手机游戏行业，特别是对我国本土游戏企业的扶持，手机游戏已被列入国家“863”计划。

随着电信重组以及3G时代的到来，手机网络将带给人们更大的便利，手机上网的费用也将下降，这些都将进一步推动手机游戏的发展。

二、运营方式

中国手机游戏产业链的主链条由移动运营商（中国移动与中国联通）、手机游戏开发商（简称 CP）、手机游戏服务提供商（简称 SP）、手机游戏用户组成。其中，服务提供商在移动增值业务中扮演重要角色，它是连接移动运营商、游戏用户、开发商和手机厂商的核心。近些年，手机游戏开发商的地位得到提升，逐渐处于与服务提供商并列的地位，甚至可以越过服务提供商，直接为移动运营商提供内容服务。

国内知名的手机游戏开发商有数位红、岩浆数码、数字鱼等。移动的手机游戏服务提供商以岩浆数码，灵通网、美通网、空中网、北京群胜网、欢乐金网、新浪互联、广州摩讯、掌中米格等公司为代表。联通的手机游戏服务提供商则以捷通华声、金鹏、联众、联通时科等公司为代表。

目前，国内手机游戏的主要运营方式是，手机游戏服务提供商将游戏放入移动运营商的游戏下载平台，然后两者共同获得用户下载游戏时所支付的费用。这种游戏下载平台主要有 WAP、移动百宝箱、联通神奇宝典等。

下面以移动百宝箱为例，介绍手机游戏从产生到用户下载的具体过程。

（1）CP 开发出一款游戏后，可一次性出售给 SP，或者获得运营的分成。

（2）SP 向中国移动申报游戏。

（3）用户下载游戏。

实际上，我国手机游戏主要的商业模式是靠卖游戏拷贝盈利。这种方式也是 PC 单机游戏的盈利模式，唯一不同的是手机游戏基本解决了盗版的问题。

第二节　手机游戏分类

关键点：①文字游戏、②休闲游戏、③益智游戏、④棋牌游戏、⑤射击游戏、⑥角色扮演游戏、⑦冒险游戏、⑧体育游戏。

目前，市场上的手机游戏种类繁多，花样各异。游戏内容的角度，手机游戏可分为如下几类：

（1）文字游戏

没有或有少量的图像信息，主要用文字来描述的游戏，如文经典的“猜数字”游戏。

（2）休闲游戏

玩家无须投入太多的时间和精力，可随时参与、随时退出的游戏，如“泡泡龙”等。

（3）益智游戏

这类游戏通常短小而有趣，需要玩家开动脑筋来完成游戏任务，如扫雷、推箱子等游戏。

（4）棋牌游戏

扑克和各种棋类游戏，如跳棋、接龙、纸牌、军棋、麻将等游戏。

（5）射击游戏

这类游戏中，玩家可控制各种角色（如飞机、坦克及持枪的战士）向敌人射击，如《雷电》系列游戏。

（6）角色扮演游戏

由玩家扮演游戏中的一个或数个角色，有完整故事情节的游戏，如大宇公司的《仙剑奇侠传 Mobile》。

（7）动作游戏

这类游戏中，游戏角色都具有非凡的武艺，玩家控制他们与敌人搏斗，如《双截龙》系列游戏。

（8）冒险游戏

由玩家控制游戏人物进行虚拟冒险的游戏。游戏的故事情节往往以完成一个任务或解开某些迷题的形式出现，而且在游戏过程中刻意强调谜题的重要性，如《冒险岛》等游戏。

（9）体育游戏

模拟现实中各种体育运动的游戏，如有高尔夫球、篮球、赛车及网球等作品。

第三节　手机游戏的开发队伍

关键点：①策划员、②美工、③技术员（程序员）。

一般手机游戏开发团队规模不大，少的两三人，多的十几个人。手机游戏开发团队主要由策划员、美工和技术员（程序员）三类人员组成。在手机游戏的开发过程中，各类人员分工不同，相互协作，缺一不可。

一、策划员

制作一款手机游戏前，策划员需要确定该游戏的性质：是体育类、角色扮演类还是其他类型。同时还要给出游戏内容的基本框架。然后，再把游戏的情节、人物和场景以及每个细节都设计好，最后将这些内容写成策划方案交给技术人员来实现。

在整个游戏的实现过程中，策划员始终要跟着游戏走，要根据每个阶段所遇到的问题随时修改策划方案。有人说，游戏策划就像在写剧本，一集一集地往下续，所以策划员需要较强的策划与构思能力。

二、美工

美工需要设计游戏的操作界面、人物造型、各种器物、场景及特效（如烟雾效果）等。他们使用 Photoshop、3ds Max 等软件绘制游戏中所需要的图片，同时还需要利用特殊的工具软件（通常是团队技术员开发的），将很多图片组合成动画片段或场景。美工相当于为产品做包装的人员。好的产品离不开包装，同样，好的游戏也离不开漂亮的画面。一款游戏的内涵再出色，没有华丽的外观也不会有太大的市场。

三、技术员（程序员）

手机游戏技术员（程序员）则是实现游戏的人，他们将根据策划员给出的游戏方案，绘制程序流程图，编写代码，并最终实现游戏。

手机游戏实现初期，技术员还需要根据用户的反馈，修改游戏中的错误。同时也会按照策划员的意见，对游戏的功能进行修改。

此外，技术员一般还要制作各种工具软件，如动画编辑器，地图编辑器等分别用于编辑游戏中的动画和场景。这些工具软件可以大大提高美工和策划员的工作效率。

可以这样简单地理解策划员、美工和技术员三者之间的工作关系：美工给出一个个固定的图片，可称为“死图片”；策划员给出图片变换和运动的游戏规则；技术员则按照游戏规则，并根据用户的操作，将这些“死图片”连接并运动起来，变成“活图片”。

第四节　手机游戏的开发流程

关键点：①产生初期方案、②定夺详细方案、③制定工作进度计划、④开发游戏的 demo、⑤测试并修改 demo

手机游戏的开发流程主要有以下几个阶段：

一、产生初期方案

搭建高楼要有图纸，同样，开发游戏也要有设计方案。手机游戏开发的开始阶段，策划员要根据市场信息，设计出游戏的初期方案。该方案中包括游戏的种类、内容、故事情节、美术风格、玩法及软件的大小。然后，团队成员需要共同讨论方案的可行性，确定方案能否被顺利完成。

二、定夺详细方案

如果初期方案可行，策划员要进一步设计详细方案。详细方案包括：游戏中人物的职业类别、人物活动的规则、场景的数量、每个场景的主题（如雪地、森林等）以及游戏图片的清单等。详细方案提交后，团队成员再次进行讨论，交流各自的意见，经过反复地讨论和修改，才能定夺出最终的手机游戏详细设计方案。

这个过程非常关键，设计方案时要尽可能地考虑实际开发中会遇到的问题，尽量保证今后不对方案进行修改。如果方案设计不好，使得今后需要大范围地改动，那么很可能导致项目的失败。

三、制定工作进度计划

游戏方案被定夺后，各部门负责人要给出详细的工作进度计划表。表中写明开发工作中每个部分的负责人及具体的完成时间。完成时间不能制定得太久，但也要给负责人员留出一定的余地。同时工作进度计划还要考虑各部门的协作关系，比如某些工作需要美工先给出图片，程序员才能编写代码。

四、开发游戏的 demo

制定了工作进度表后，各个部门按照计划开发游戏的 demo（样本）。在这个过程中，策划员与美工、策划员与程序员、美工与程序员之间要及时沟通，避免做无用的工作。尤其是程序员，要仔细理解游戏的设计方案，不能猜测，有不明白的地方要及时与策划员协商，不能将问题遗漏到最后。同时策划员还要根据实际开发中所遇到的问题对游戏方案进行一些必要的修改。

五、测试并修改 demo

游戏的 demo 完成后，策划员或测试人员需要对其进行测试。测试人员不仅要找出游戏的 bug（错误）还要将游戏下载到不同的真机上，进行实际运行效果的测试，然后测试人员要给出测试报考。程序员接到测试报告后，修改 bug，并对 demo 进行优化。修改和优化完成后，程序员提交新的 demo，测试人员再对新的 demo 进行测试。这样反复地测试、修改和优化，直到整个游戏没有明显的问题后，手机游戏的开发工作才基本结束。

第五节 手机游戏的开发平台

关键点：①Symbian 平台、②BREW 平台、③iPhone 平台、④J2ME 平台。

目前，手机游戏的开发平台主要有 Symbian、BREW、iPhone、J2ME 等几种，不同的开发平台需要使用不同的开发语言与开发工具。

一、Symbian 平台

Symbian 也被称作 EPOC 系统，是专门应用于手机等移动设备的操作系统。Symbian 最早由 Psion 公司开发，现已成为一个开放的、易用的、专业的开发平台。

诺基亚、爱立信、松下、三星、索尼爱立信和西门子等公司的很多型号的手机都采用了 Symbian 操作系统。

Symbian 平台支持 C++和 java 语言，支持多任务、面向对象基于组件方式的 2G、2.5G 和 3G 系统下的无线应用开发。

Symbian 平台下，程序设计人员可采用 Visual Studio .NET、CodeWarrior 以及 C++ Builder 等工具进行开发。

二、BREW 平台

BREW 是 Binary Runtime Enviroment for Wireless（无线二进制运行时环境）的缩写，是美国高通公司（QUALCOMM）为无线数据应用程序开发和执行提供的通用接口，是为手机的增值应用所提供的一套完整的开发平台。

BREW 平台下，程序设计者可使用 C 或 C++语言进行开发。BREW 主要应用于中国联通的 CDMA 手机系统中，同时它也将是 3G 手机网络中的重要开发平台。

制作 BREW 应用程序，可采用 Visual Studio .NET 结合 BREW SDK（BREW 的开发工具箱，可免费的从高通公司的网站上获取）的开发环境。

BREW SDK 中包含了一组工具和组件（包括模拟器、设备配置器、资源编辑器、Visual Studio 插件等等），程序设计者可以通过这些工具和组件高效、快速的开发出多种多样的应用程序。

三、iPhone 平台

iPhone 是苹果公司推出的小巧、轻盈的手持设备，它将创新的移动电话、可触摸宽屏 iPod 以及多功能的因特网通信设备等三种产品完美地融为一体。iPhone 引入了基于大型多触点显示屏和领先性新软件的全新用户界面，让用户用手指即可控制 iPhone。

“iPhone 是一款革命性的、不可思议的产品，比市场上的其他任何移动电话整整领先了五年。”苹果公司首席执行官史蒂夫.乔布斯说，“手指是我们与生俱来的终极定点设备，而 iPhone 利用它们创造了自鼠标以来最具创新意义的用户界面。”

iPhone 平台下，程序员主要使用 Objective-C 语言进行开发。与 C++类似，Objective-C 也是 C 语言在面向对象编程方面的扩展语言。但与 C++相比，Objective-C 更为简洁实用。

制作 iPhone 应用程序，主要采用 Xcode 开发工具。Xcode 是由一套由苹果公司所提供的完整开发套件工具组，他提供了文件管理、程序编辑、建立执行文件、错误信息及源代码的存储管理、效能调整等等许多功能。Xcode 工具

在这组套件的主要核心为提供了基本原始码发展环境的 Xcode 应用程式，Xcode 不仅仅是您使用来 开发的工具而已，更提供了相当多的资讯与介绍来协助您开发及建立 iPhone 上的应用程式。Xcode 只能运行在安装了 Mac OS X（苹果操作系统）的计算机上。

四、J2ME 平台

J2ME 全称是 Java 2 Micro Edition，即 Java 2 的微型版，又称为 KJava。用一句话来形容它们的关系就是：把 Java 2 的精髓压缩进一个非常小的程序包中，这就是 J2ME。

Sun 公司把 Java 技术分成三个版本：标准版、袖珍版以及企业版。1999 年 6 月，Sun 公司推出了 Java 2 的袖珍版（J2ME）来满足消费电子和嵌入设备的开发需要。

目前，J2ME 技术已应用到掌上设备、移动电话、双向呼机、家用电器等可连接网络而硬件资源有限的设备。J2ME 已获得主流手机硬件、软件厂商的支持，支持 J2ME 已成为手机的潮流和发展方向。如果一款手机支持 KJava，那么它的功能就是可扩展的，用户可以下载更多的 J2ME 应用程序到手机里使用。

开发 J2ME 手机游戏，可采用 WTK、Eclipse、JBuilder、NetBeans 等多种开发工具。

WTK 的全称是 Sun J2ME Wireless Toolkit —— Sun 公司提供的无线开发工具箱。此工具箱是为了帮助开发人员简化 J2ME 的开发过程而设计的。该工具箱包含了完整的生成工具、实用程序以及设备仿真器。使用 WTK 工具箱开发的 J2ME 应用程序，可在兼容“Java Technology for the Wireless Industry（JTWI, JSR 185）”规范的设备上运行。

在 WTK 的基础上，各大手机厂商经过简化与改装，推出了适合自己产品的开发工具。例如：索爱的 Sony Ericsson J2ME SDK，摩托罗拉的 Motorola J2ME SDK，诺基亚的 Nokia J2ME SDK，三星的 Samsung J2ME SDK 等等。

JBuilder 是 Java 语言的开发工具。作为 J2ME 应用开发，JBuilder 是非常理想的开发环境，较新版本的 JBuilder 都自带了 MobileSet（一套 J2ME 的开发工具）。MobileSet 内附 WTK，并可与各厂商的 SDK 相集成。

Eclipse 也是 Java 语言的开发工具。但与 JBuilder 不同的是，Eclipse 是完全免费的，是开放源代码的。通过 EclipseME 插件，Eclipse 为 J2ME 应用程序开发人员提供了极大地帮助，它将 WTK 以及各个手机厂商的 SDK 中提供的模拟器紧密地连接到一起，为开发者提供一种无缝统一的集成开发环境。

第六节 实例效果预览

关键点：①HelloWorld、②猜数字、③拼图、④动物赛跑、⑤无敌抢钱鸡、⑥黑白棋、⑦MM 历险记、⑧超级马里奥、⑨坦克大战。

本书将通过 9 个具体的实例，来讲解手机游戏制作的各种知识。每个实例都是某类游戏的典型代表，而且本书将根据各个实例制作的难易程度来安排讲解的顺序，希望能由浅入深的讲解 J2ME 开发知识。各实例的运行效果如下所述：

图 1-1 实例 1（HelloWorld）的运行效果

图 1-2 实例 2（猜数字）的运行效果

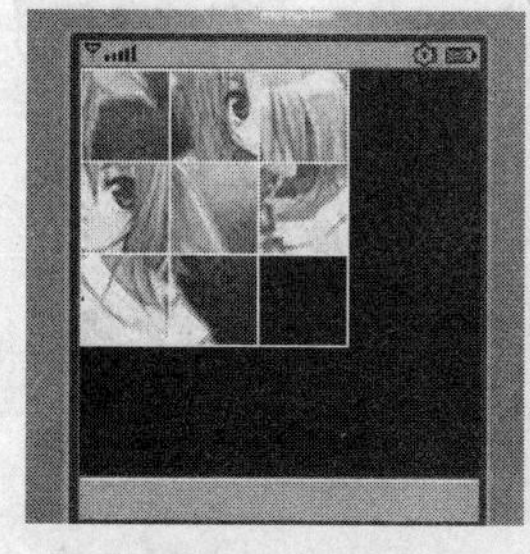
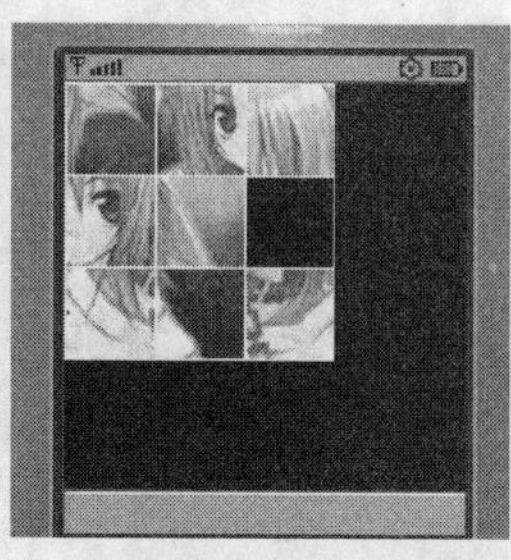

图 1-3 实例 3（拼图）的运行效果

图 1-4 实例 4（动物赛跑）的运行效果

图 1-5 实例 5（无敌抢钱鸡）的运行效果

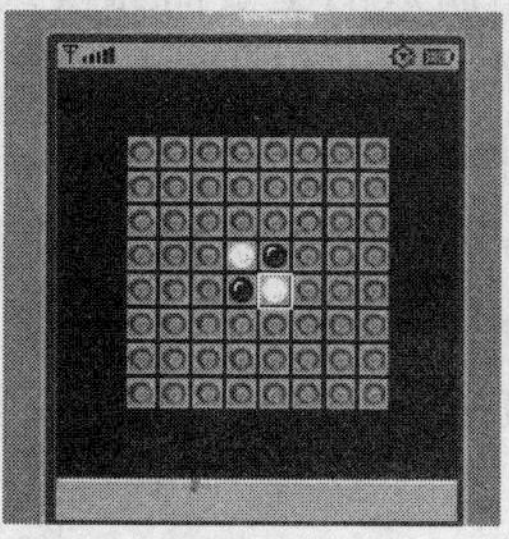
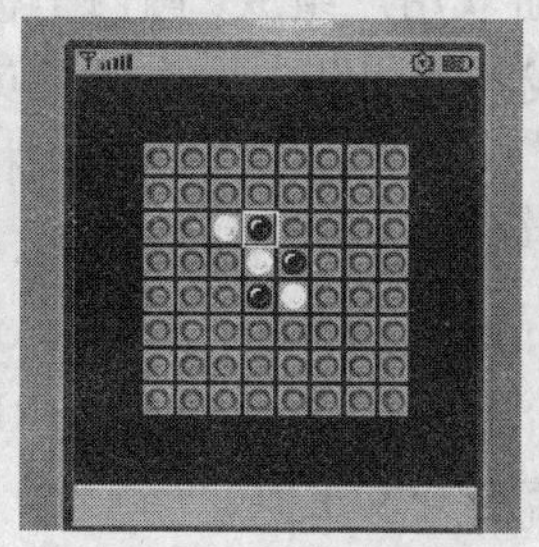
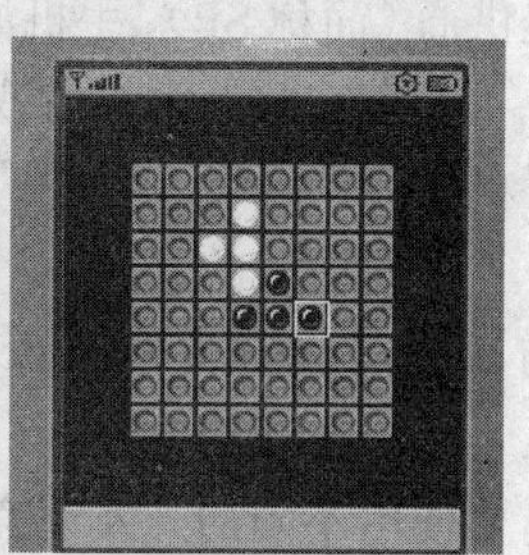

图 1-6 实例 6（黑白棋）的运行效果

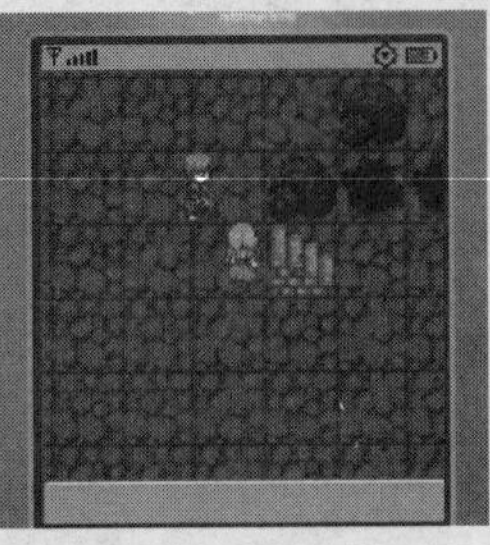

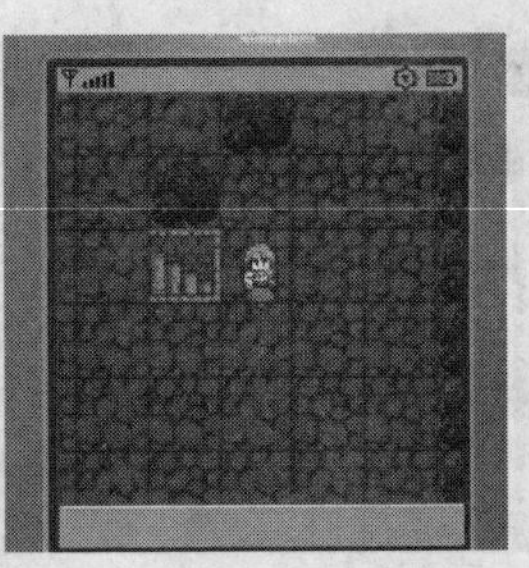

图 1-7　实例 7（MM 历险记）的运行效果

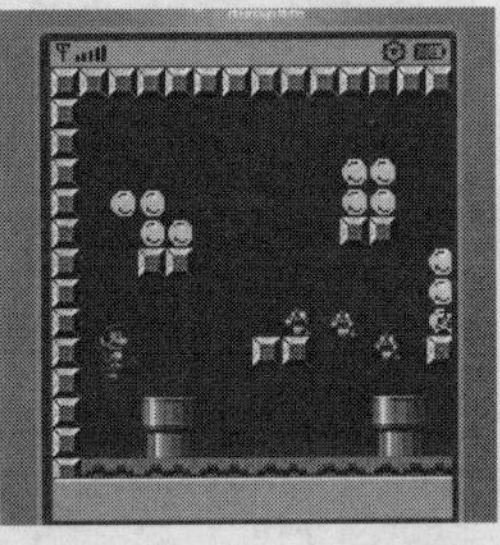
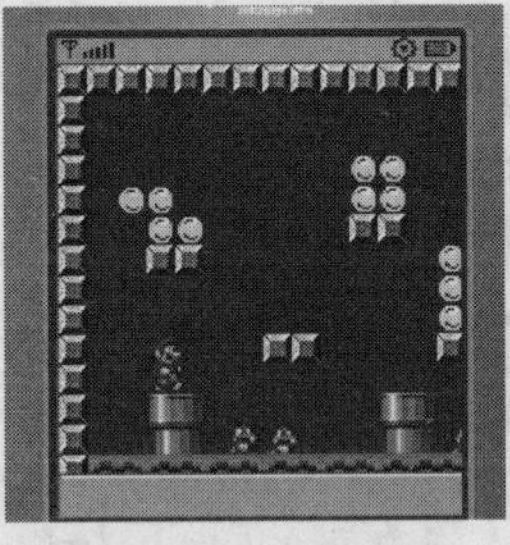

图 1-8　实例 8（超级马里奥）的运行效果

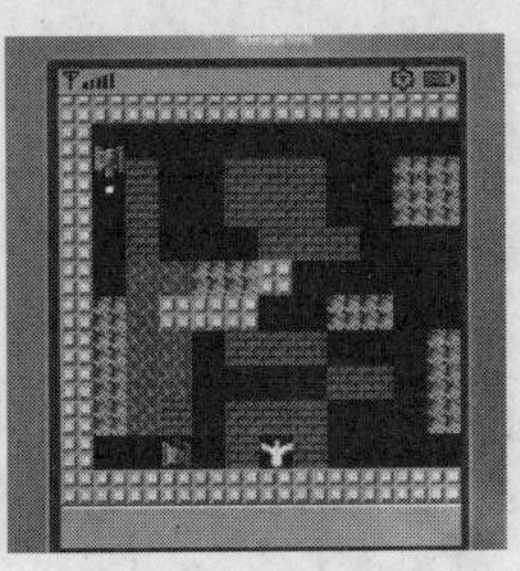

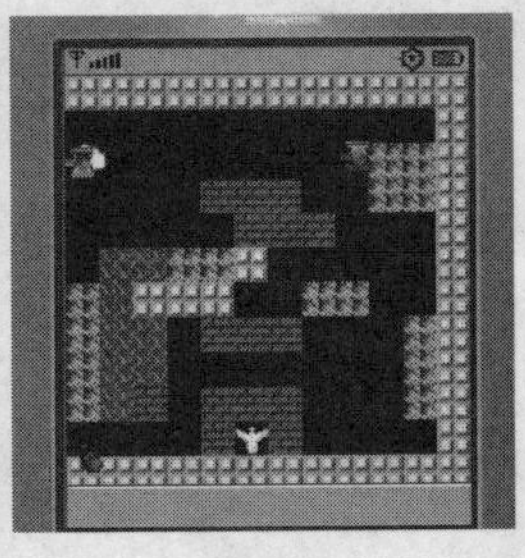

图 1-9　实例 9（坦克大战）的运行效果

本章小结

近些年，手机游戏市场规模迅速增长，市场潜力巨大，加之我国政府对其大力扶持的态度，手机游戏产业定将以更快的速度发展。

手机游戏从游戏内容可分为：文字游戏、休闲游戏、益智游戏、棋牌游戏、射击游戏、动作游戏、冒险游戏、角色扮演游戏、体育游戏等。

我国手机游戏产业链的主链条由移动运营商、手机游戏开发商（简称 CP）、手机游戏服务提供商（简称 SP）、手机游戏用户组成。国内手机游戏的主要商业模式还是靠卖游戏拷贝赚钱。

一个完整的手机游戏开发团队主要由策划员，美工和技术员（程序员）三类人员组成。在手机游戏的开发过程中，各类人员分工不同，相互协作，缺一不可。

手机游戏的开发流程包括：产生初期方案、定夺详细方案、制定工作进度计划、开发游戏的 demo、测试并修改 demo 等几个阶段。

手机游戏的开发平台主要有 Symbian、BREW、iPhone、J2ME 等几种，不同的开发平台需要使用不同的开发语言与开发工具。

思考与练习

1. 手机游戏从技术角度可分为哪几类？
2. 中国手机游戏产业链的主链条由哪些成员组成？
3. 手机游戏开发团队的主要成员有哪些？他们的工作职责是什么？
4. 简述手机游戏开发的基本流程。
5. 请说出 J2ME 与 Java 的关系。
6. 目前，有哪些手机游戏的开发平台，各种平台需要使用那些开发语言与开发工具？

第二章　开发简单项目

本章主要内容

本章由6节组成。通过介绍2种工具的安装步骤和3个完整小项目实例的分析，讲解了开发环境JDK、WTK的配置、安装，MIDlet应用程序框架编程思想，手机游戏“HelloWorld”的开发全过程。最后是本章小结和作业安排。

本章学习重点

- 开发环境的配置
- MIDlet应用程序框架
- 实例——HelloWorld

本章教学环境：计算机网络室

学时建议：4小时（其中讲授1小时，实验3小时）

掌握开发环境的配置及相关工具的使用方法，是学习手机游戏制作的前提与基础。

第一节　开发环境的配置

关键点：①JDK、②WTK。

本书实例主要是在JDK的基础上，使用WTK进行开发，以下介绍这种开发环境的具体配置方法。

一、JDK的安装与配置

JDK是Java开发工具包(Java Development Kit)的缩写，它是一切Java应用程序的基础。也就是说，使用Java就必须安装JDK。J2ME是Java语言的一种，所以在安装其他J2ME开发工具之前，也必须先安装JDK。下面介绍在WinXP系统环境下，JDK安装与配置的具体过程。

动手操作2-1　如何安装与配置JDK

（1）下载JDK

在站点http://java.sun.com/可以找到各种JDK版本的下载链接，这里下载1.6版的JDK，下载地址为 http://java.sun.com/javase/downloads/index.jsp，下载文件的名称是：

jdk-6u13-windows-i586-p.exe

（2）安装JDK

JDK与一般软件的安装过程没有特殊区别，只要双击所下载的文件，按照提示安装即可，通常安装到默认目录下。

（3）测试 JDK 是否成功安装

单击屏幕左下角的“开始”按钮，然后选择“运行”，如图 2-1 所示。

（4）如图 2-2 所示，在“运行”对话框的“打开”栏中键入“CMD”，然后单击“确定”按钮，打开命令窗口。

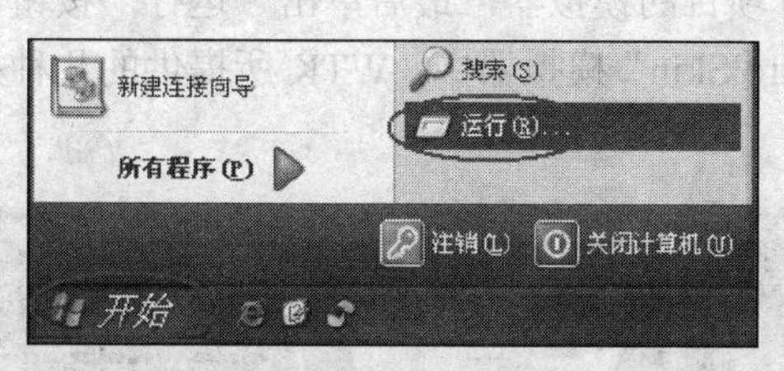

图 2-1 选择“运行”菜单

图 2-2 输入 CMD 指令

（5）在命令窗口内键入“java –version”，注意 java 字符后面有个空格，然后按回车键。如果出现如图 2-3 所示的几行字，说明 JDK 的安装与配置已经成功了。

```
C:\>java -version
java version "1.6.0_13"
Java(TM) SE Runtime Environment (build 1.6.0_13-b03)
Java HotSpot(TM) Client VM (build 11.3-b02, mixed mode, sharing)
```

图 2-3 测试 JDK 的安装

二、WTK 的安装与配置

WTK 的全称是 Sun J2ME Wireless Toolkit —— Sun 公司提供的无线开发工具包。此工具包是为了帮助开发人员简化 J2ME 的开发过程而设计的。该工具包包含了完整的生成工具、实用程序以及设备仿真器。安装 WTK 之前，需确保计算机中已安装并配置了 JDK。以下是 WTK 的安装及配置过程。

动手操作 2-2 如何安装与配置 WTK

（1）下载 WTK

在 Sun 公司的官方网站上可以免费下载到 WTK，具体下载地址为：http://java.sun.com/products/sjwtoolkit/此处下载 2.5 版的 WTK，下载文件的名称是：

sun_java_wireless_toolkit-2_5_2-ml-windows.exe

（2）安装 WTK

WTK 与一般软件的安装过程没有特殊区别，只要双击所下载的文件，按照提示安装即可。WTK 被成功安装后，系统桌面上会增加 WTK 的图标。双击该图标，可进入 WTK 的控制台界面，如图 2-4 所示。

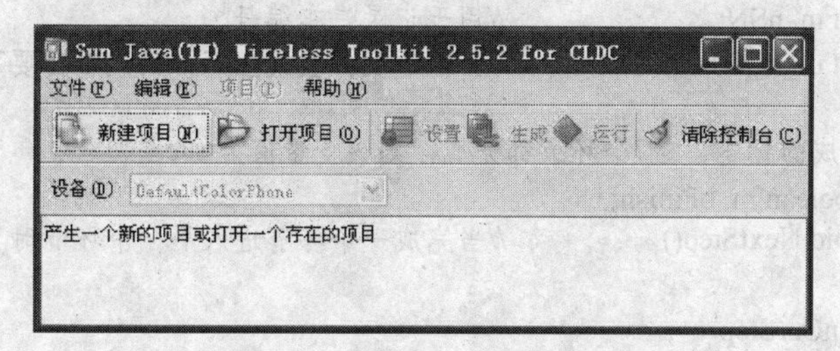

图 2-4 WTK 的控制台界面

（3）至此，WTK 已经成功安装到本地计算机上了。在 WTK 的控制台界面上选择“打开项目”按钮，系统将弹出已有的项目列表（包括 WTK 提供的样例），如图 2-5 所示。

（4）在列表中选择某一项目，然后选择“打开项目”按钮，系统将回到控制台界面。此时，控制台界面中的“设备”栏以及“设置”、“生成”、“运行”等几个按钮将从无效（灰色）转变为有效状态（正常色）。在“设备”栏中选择执行项目的模拟器，最后单击“运行”按钮，便可模拟运行刚才选择打开的项目。在“MediaControlSkin”模拟器中，WTK 所提供的几种样例的运行效果如图 2-6 所示。

打开项目

项目	日期	描述
BluetoothDemo	09-4-4...	This MIDlet ...
CHAPIDemo	09-4-4...	A demo MIDle...
CityGuide	09-4-4...	Location API...
Demo3D	09-4-4...	Test applica...
Demos	09-4-4...	Technical de...
FPDemo	09-4-4...	Floating Poi...

☑ 显示可用演示(S)　打开项目(O)

图 2-5　已有项目列表

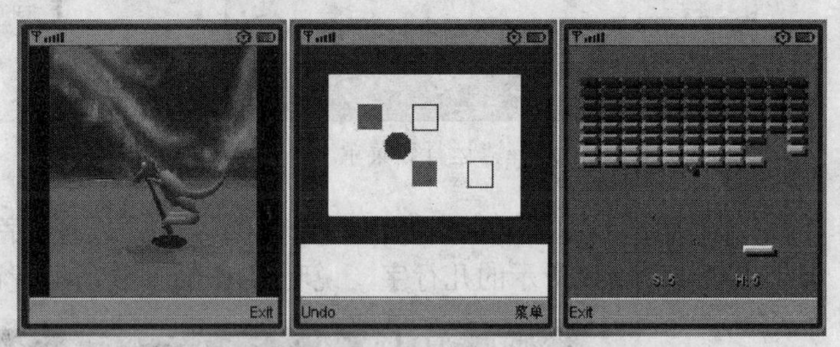

图 2-6　WTK 所提供的样例

第二节　面向对象的编程思想

关键点：①类、②类的派生与继承、③类的访问机制。

开发手机游戏，需要使用面向对象的程序设计语言。在面向对象的编程思想中，类、类的派生与继承、类的访问机制都是非常重要的概念。

一、类

在程序设计中，处理某种对象时，需要为它定义一些变量和方法。类（Class），就是为某种对象而定义的变量和方法的集合。在程序中，类是一种复杂的数据结构，它将不同类型的数据和相关的操作封装在一起。下面举例说明类的使用方法。

案例分析 2-1　如何用类来创建汽车这一实体

本例内容：下面举例说明类的使用方法，假如某家公司生产汽车，那么产品（汽车）就是一个对象。该公司要制作一个软件，其功能是为每辆汽车编号，存储每辆汽车的生产进度等信息，并且随时可更改生产进度。那么，软件中可设计如下类来对应汽车这一对象：

```
public class Vehicle                    //类名Vehicle
{
    public int m_nSN;                   //用于记录汽车编号
    public int m_nCurStep;              //当前进度，假设生产一辆汽车需要7个流水线的环节，

    //彻底完成的标志，若7个环节都完成，则该变量值为true
    public boolean m_bFinish;
    public void NextStep()              //当完成一个环节进入下一个环节时可调用该方法
    {
        m_nCurStep ++;
        if( m_nCurStep > 7 )            //如果7个环节都完成了，则汽车的生产彻底完成
```

```
            m_bFinish = true;
        }
    }
```

Vehicle 就是每辆汽车所需要的信息变量及相关操作的集合体。但 Vehicle 本身并不对应具体的一辆汽车，它只表示所有汽车的共性。Vehicle 是抽象的，软件执行时，系统内存中并不存在 Vehicle。只有 Vehicle 的实例才对应实际存在的一辆汽车。例如，软件需要记录编号为 1 和 2 的两辆汽车的信息，则需要继续添加以下代码：

```
//定义两个Vehicle类的实例，分别对应编号为1和2的两辆汽车
Vehicle Vehicle1, Vehicle2;
Vehicle1 = new Vehicle();          //为Vehicle1分配存储空间
Vehicle2 = new Vehicle();          //为Vehicle2分配存储空间
Vehicle1.m_nSN = 1;                //把1号汽车的信息添到Vehicle1中
Vehicle1.m_nCurStep = 0;
Vehicle1.m_bFinish = false;
Vehicle2.m_nSN = 2;                //把2号汽车的信息添到Vehicle2中
Vehicle2.m_nCurStep = 0;
Vehicle2.m_bFinish = false;
```

上述代码的第 1 行定义了两个 Vehicle 类的实例，第 2 行和第 3 行执行后，系统会分配两块内存分别存储 Vehicle1 和 Vehicle2 的内容。后面的代码分别填写了两辆汽车的信息。另外需要说明，JAVA 语言中的基本变量（如 Int 型，Char 型等）在定义时就会分配存储空间，而其他类型的变量或类的实例必须通过 new 函数来申请存储空间。

如果 2 号汽车完成了一个生产环节，软件中需要调用如下代码：

```
Vehicle2.NextStep();          //注意是2号汽车
```

通过上面的例子可以看出，类是某种对象的共性，也就是说，它在内存中并不存在，仅为某种对象提供蓝图，从这个蓝图可以创建任何数量的实例。从类创建的所有实例都具有相同的变量成员和方法，但每个实例中变量的值可以不同。实际上每个实例都对应着一个独立的实体。

二、类的派生与继承

在类的层次体系中，存在着各类之间的派生和继承关系。如果某个新类是在已存在的原有类的基础上产生的，即新类所定义的数据类型除拥有原有类的成员外，还拥有新的成员。那么已存在的原有类就称为基类，又称为父类。由基类派生出的新类称为派生类，又称为子类。

案例分析 2-2　如何在汽车实体上创建子类

本例内容：继续案例分析 2-1 中的例子，假如该公司生产的汽车有很多种，如卡车和轿车等。每辆轿车出厂前要喷涂不同颜色的漆。这里的轿车也是一种对象，而且是汽车的子集，也就是说汽车中包含轿车。如果要求软件对每辆轿车除记录一般汽车的信息外，还要记录喷漆的颜色，那么可以定义一个新类来对应轿车，并且该类是从 Vehicle 类派生的。代码如下：

```
//类名为Car, extends表示Car从Vehicle派生
public class Car extends Vehicle
{
    private int m_nColorType;                  //记录要给汽车喷漆的颜色种类
public void ChangeColor( int nType )
```

```
    {
        //当需要改变汽车喷漆颜色时，可调用此方法
        m_nColorType = nType;
    }
}
```

这样定义后，Car 中不仅有 Vehicle 的变量和方法，并且还具有自己的变量（如 m_nColorType）和方法（如 ChangeColor）。如果实际中需要记录编号为 3 和 4 的两辆小轿车，就可以用如下代码实现：

```
Car Car3, Car4;              //定义两个Car类的实例，分别对应编号为3和4的两辆轿车
Car3 = new Car();            //为Car3分配存储空间
Car4 = new Car();            //为Car4分配存储空间
Car3.m_nSN = 3;              //把3号轿车的信息添到Car3中
Car3.m_nCurStep = 0;
Car3.m_bFinish = false;
Car3.ChangeColor( 0 );       //让3号轿车喷0号颜色的漆
Car4.m_nSN = 4;              //把4号轿车的信息添到Car4中
Car4.m_nCurStep = 0;
Car4.m_bFinish = false;
Car4.ChangeColor( 1 );       //让4号轿车喷1号颜色的漆
```

代码中，Car 类的实例既可以使用父类 Vehicle 的变量和方法，又可以使用自己特有的变量和方法。

三、类的访问机制

JAVA 语言，在类的定义中，通过 public、protected 和 private 三个关键词来规定外部访问和调用该类变量和方法的条件。

1. public（公共的）

某类中，用 public 定义的变量或方法，在外部可以被其它任何对象所访问。

2. protected（保护的）

某类中，用 protected 定义的变量或方法，在外部只能被该类的派生类的对象访问。

3. private（私有的）

某类中，用 private 定义的变量或方法，在外部不能被任何类的对象访问。

案例分析 2-3　public（公共的）、protected（保护的）、private（私有的这三者间如何进行访问

具体看下面的例子。

```
public class Class1
{
public int m_nPara1;
protected int m_nPara2;
private int m_nPara3;
protected void AddPara2()
{
```

```
            m_nPara2 ++;
        }
    }
```

上面代码定义了一个 Class1 类，该类中分别用三种关键字定义了三个变量。再看下面的代码：

```
public class Class2 extends Class1
{
    ......                                  //其他代码省略
    public void Method()                    //Class2中的一个方法
    {
        super.m_nPara1 = 1;                 //____________________(a)
        super.m_nPara2 = 1;                 //____________________(b)
        super.m_nPara3 = 1;                 //____________________(c)
        super.AddPara2();                   //____________________(d)
    }
}
```

上面代码中的 super 表示该类的父类，也就是 Class1 类，super.m_nPara1 表示调用的是父类的 m_nPara1 变量。代码中的 Class2 是 Class1 的派生类，则（a）、（b）、（d）行代码是正确的，而（c）行代码是错误的，（c）行将不能通过编译。原因是 m_nPara3 被定义成私有的，外部任何类的对象都不能访问。m_nPara2 在 Class1 中被定义为保护的，在 Class1 的子类也就是 Class2 中是可以调用的。

接着再看下面的代码：

```
public class Class3                         //与Class1无派生关系
{
    ......
public Class1 m_Class1;                     //定义了一个Class1类的实例
    public void Method()                    //Class3中的一个方法
    {
        m_Class1 = new Class1();            //为m_Class1分配存储空间
        m_Class1.m_nPara1 = 1;              //____________________(a)
        m_Class1.m_nPara2 = 1;              //____________________(b)
        m_Class1.m_nPara3 = 1;              //____________________(c)
        m_Class1.AddPara2();                //____________________(d)

    }
}
```

上述代码中，只有（a）行是正确的，其他行都不能通过编译。原因是 Class3 与 Class1 无派生关系，也就不能在 Class3 中访问 Class1 中所有私有的和保护的变量。

第三节　MIDlet 应用程序框架

关键点：有三个状态：①活跃（active）、②暂停（pause）、③销毁（destroyed）。

MIDP（一套 J2ME 应用编程接口）中定义了一种新的应用程序框架 MIDlet，它是被手机系统内的应用管理软件（AMS）管理的。应用管理软件负责 MIDlet 程序的安装、下载、运行

及删除等操作。

MIDlet 程序有三个状态，分别是：活跃（active）、暂停（pause）和销毁（destroyed）。MIDlet 框架提供了以下几个方法，可分别使 MIDlet 进入不同的状态：

```
protected void startApp()
    protected void pauseApp()
    protected void destroyApp(boolean arg0)
    public void notifyPaused()
    public void notifyDestroyed ()
```

启动一个 MIDlet 程序时，应用管理软件首先创建一个 MIDlet 对象，然后调用 MIDlet 的 startApp()方法使 MIDlet 进入活跃状态。在活跃状态下，如果某处程序调用了 MIDlet 的 destroyApp()方法或 pauseApp()方法可分别使 MIDlet 进入销毁或者暂停状态。

值得一提的是 destroyApp()方法，当它被调用的时候，应用管理软件会通知 MIDlet 进入销毁状态。一旦进入销毁状态，MIDlet 就必须释放所有的资源，并且保存数据。如果参数 arg0 为 false，MIDlet 可以在接到通知后抛出一个异常信息，而继续保持当前的状态；如果设置为 true，则 MIDlet 必须立即进入销毁状态。

在被管理的同时，MIDlet 自身也可以通过调用 notifyDestroyed()（或 notifyPaused()）方法来进入销毁（或暂停）状态。

图 2-7 说明了 MIDlet 状态改变情况。

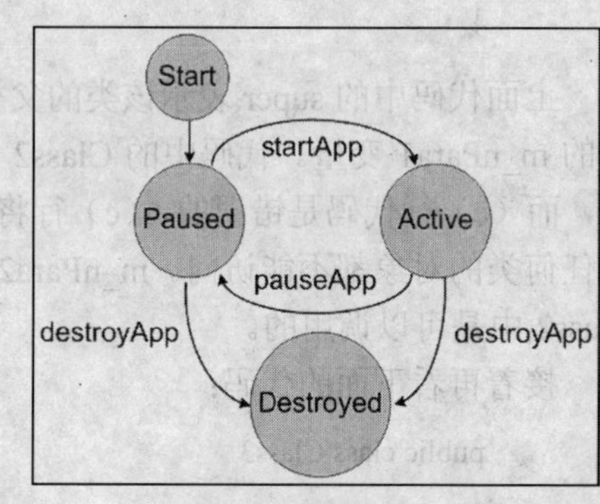

图 2-7　MIDlet 的状态变换

制作一款 J2ME 手机游戏项目，通常是先创建该项目的 MIDlet 框架，下面给出一个 MIDlet 的框架代码，请结合注释理解各个方法的作用。

```
import javax.microedition.midlet.*;                 //导入系统所定义的MIDlet支持类
public class HelloWorldMIDlet extends MIDlet         //HelloWorldMIDlet从MIDlet派生
{
    public static HelloWorldMIDlet midlet;           //静态变量，便于全局访问
    public HelloWorldMIDlet()
    {
        super();                                     //初始化，继承MIDlet类的构造方法
        midlet = this;                               //指定当前的MIDlet对象
    }
    protected void startApp() throws MIDletStateChangeException
    {
        //当本程序开始运行时，此方法被系统自动调用
}
protected void pauseApp()
{
        //当被呼叫或其他原因而使程序暂停时，此方法被系统自动调用
    }
protected void destroyApp(boolean arg0)   throws MIDletStateChangeException
{
    //当程序结束时，此方法被系统自动调用，可以在此添加释放资源的代码
    }
}
```

第四节　开发手机游戏——“HelloWorld”

关键点：①最终效果、②开发流程、③具体操作。

下面介绍开发一款简单的手机游戏“Hello World”的方法、流程和步骤。

一、最终效果

本实例规则简单，只是在手机屏幕上输出“Hello World”。实例在模拟器上的运行最终效果如图 2-8 所示。

图 2-8　运行效果图

二、开发流程（步骤）

本例开发流程为 6 个：①创建项目→②制作 MIDlet→③在 MIDlet 中添加程序→④编译并运行程序→⑤打包生成产品 → ⑥将产品下载到真机。本实例的开发流程如图 2-9 所示。

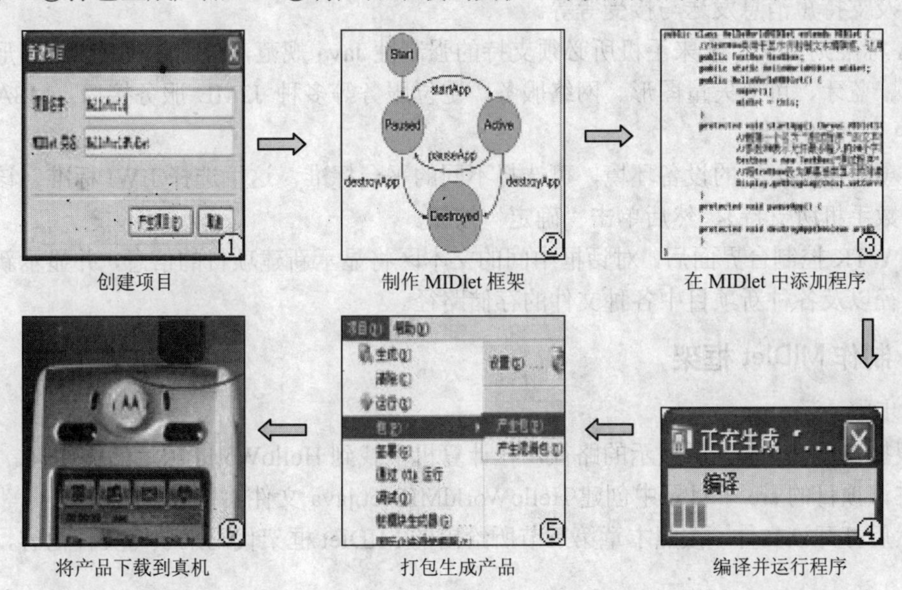

图 2-9　HelloWorld 项目的开发流程图

三、具体操作

流程 1　创建项目

操作步骤：

① 双击桌面上的 WTK 图标，进入 WTK 的控制台界面。

② 选择“新建项目”按钮，在弹出的窗口中输入项目的名称“HelloWorld”，并输入该项目 MIDlet 框架的名称“HelloWorldMIDlet”。

③ 然后选择“产生项目”按钮，如图 2-10 所示。

此时，系统将弹出项目设置窗口，如图 2-11 所示。在该窗口中，可选择当前项目实际运行的设备标准。图 2-11 中所显示的 MSA、MSA Subset、JTWI、MIDP1.0 都是移动设备对 J2ME 程序的支持标准。

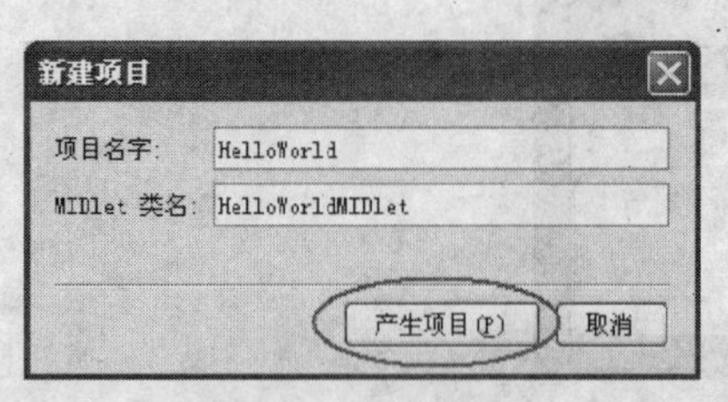

图 2-10　新建项目

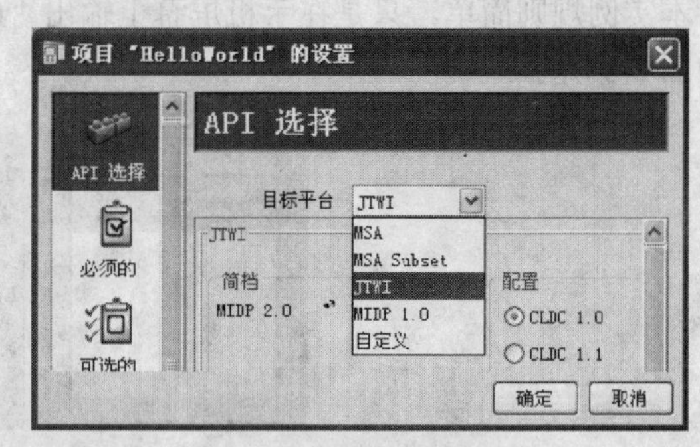

图 2-11　项目的设置

MIDP1.0 是最低级的标准，支持该标准的设备可为移动开发提供包括用户界面、图形显示、网络连接及本地数据存储等方面的 J2ME 编程接口。

JTWI 标准规定运行设备必须支持 64K 大小的应用程序，支持 JPEG 格式的图片及 HTTP1.1 协议，以及支持短消息发送与接受等等。

MSA 标准则定义了未来手机所必须支持的强制性 Java 规范，该标准支持 3D 图形、个人信息管理、蓝牙、可变矢量图形、网络服务、定位服务等多种 J2ME 服务接口。MSA Subset 则是 MSA 标准的子集。

根据项目实际运行的设备环境，可选择不同的平台标准，这里选择 JIWI 标准（该标准已被绝大多数手机所支持），然后单击“确定”按钮。

回到 WTK 控制台界面后，对话框中间的文本区将显示新建项目的信息，并显示新建项目的存储路径以及各种新项目中各种文件的存储路径。

流程 2　制作 MIDlet 框架

操作步骤：

① 根据 WTK 文本区所显示的路径，在计算机中找到 HelloWorld 项目的文件夹。

② 在该项目的 src 子目录中创建 HelloWorldMIDlet.java 文件。

③ 然后打开该文件，按照本章第三节所给出的 MIDlet 框架代码来填写文件内容，并保存文件。

流程 3　在 MIDlet 中添加程序

MIDlet 程序框架生成后，可以根据各个接口的含义，添加所需要的功能代码。本实例要求程序运行时，在手机的屏幕上输出“Hello World!”，所以需要将 HelloWorldMIDlet 类的代码改写成如下形式：

```
import javax.microedition.midlet.*;                    //导入系统所定义的MIDlet支持类
import javax.microedition.lcdui.*;                     //导入TextBox对象的系统支持类
public class HelloWorldMIDlet extends MIDlet
{
    //TextBox类用于显示并控制文本编辑框，让用户输入并编辑文本
    public TextBox textbox;
    public static HelloWorldMIDlet midlet;             //静态变量，便于全局访问
    public HelloWorldMIDlet()
    {
        super();                                       //初始化，继承MIDlet类的构造方法
        midlet = this;                                 //指定当前的MIDlet对象
    }
    protected void startApp() throws MIDletStateChangeException
    {
        //新建一个名为"测试程序"的文本框，文本框内默认输入"Hello World",
        //参数20表示允许最多输入的20个字符，参数0表示没有特殊的输入限制
        textbox = new TextBox("测试程序", "Hello World!", 20, 0);
    //将textbox设为屏幕当前显示的对象
        Display.getDisplay(this).setCurrent(textbox);
    }
    protected void pauseApp()
    {
    }
    protected void destroyApp(boolean arg0)   throws MIDletStateChangeException
    {
    }
}
```

流程 4　编译并运行程序

修改并保存 HelloWorldMIDlet.java 文件后，回到 WTK 的控制台界面（如果此时 WTK 已被关闭，则重新打开 WTK，并通过“打开项目”按钮来调出 HelloWorld 项目）。选择控制台界面上的“生成”按钮，WTK 便自动编译 HelloWorld 项目。

如果当前编译的项目代码有错误，则 WTK 的文本区将显示错误信息，可根据错误信息的提示来修改代码。

如果项目代码没有错误，WTK 将显示完成信息。此时在 WTK 的设备栏中选择“MediaControlSkin”模拟器，然后选择“运行”按钮，WTK 便自动运行 HelloWorld 项目，其运行效果如图 2-8 所示。

流程 5　打包生成产品

经过编译和模拟运行，确定项目没有错误后，就可以打包生成产品了。在 WTK 中选择菜单“项目”，然后选择“包”，再选择“生成包”，如图 2-12 所示。此后，WTK 便自动生成 HelloWorld 项目的产品包，并在文本区中显示产品包的名称（HelloWorld.jar）及其存储路径（存储在 HelloWorld 项目的 bin 子目录中）。

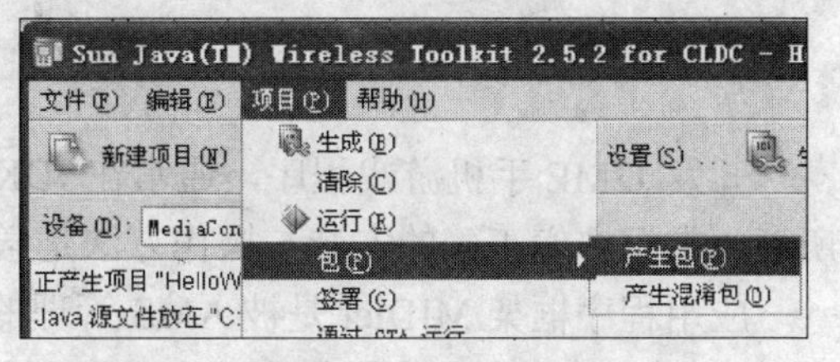

图 2-12　生成产品包

在计算机中找到 HelloWorld 项目的 bin 子文件夹，可以看到里面新增加了 HelloWorld.jad 与 HelloWorld.jar 两个文件。

流程 6　将产品下载到真机中

打包生成产品后，就可以将产品下载到实际手机上进行真机测试，其方法是：将“HelloWorld.jar”和“HelloWorld.jad”两个文件通过数据线拷贝到手机上，并在手机上根据提示安装软件即可。

下面以摩托罗拉公司的 E680i 手机为例来介绍 J2ME 产品文件的下载及安装过程。

1 在 WindowXP 系统环境下，将手机数据线的一端连接到手机上，另一端则插入计算机的 USB 接口中，如图 2-13 所示。

此时，计算机出现了新的操作盘，如图 2-14 所示。

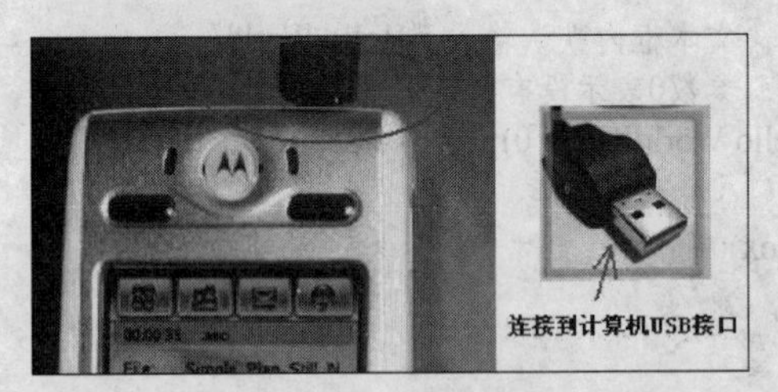

图 2-13　连接数据线

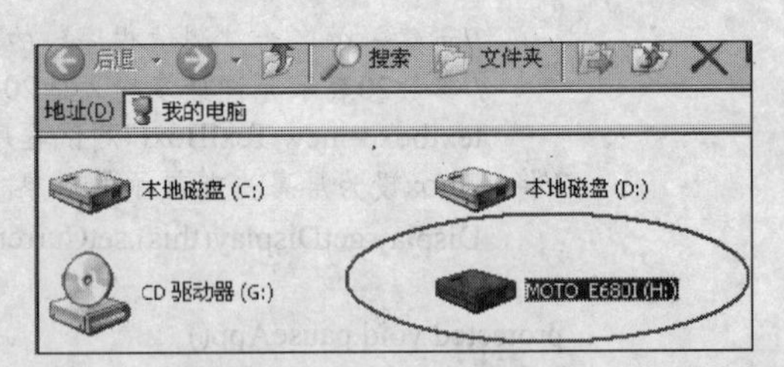

图 2-14　手机盘符

2 然后，将“HelloWorld.jar”和“HelloWorld.jad”两个文件拷贝到新盘里任意一个目录中即可。

3 拷贝完毕后，单击计算机屏幕右下角的“U 盘”图标，选择“安全删除”，之后再断开手机数据线，如图 2-15 所示。

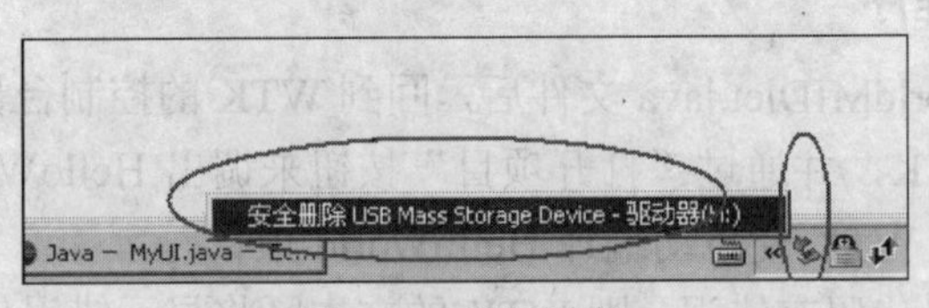

图 2-15　断开连接

4 最后，在手机里找到刚才拷贝的 HelloWorld.jar 文件，根据提示选择安装即可。

这里需要说明一下，J2ME 程序的产品文件（jar 与 jad 文件），其下载和安装的过程，与手机的种类及型号有关。不同的手机，下载产品文件的方法各异，其他种类及型号的手机请参照手机说明书来下载与安装。

本章小结

开发 J2ME 手机游戏程序，通常在 JDK 的基础上使用 WTK、Eclipse 或 JBuilder 等工具，所以，掌握它们正确的安装与操作方法是学习 J2ME 手机游戏制作的前提。

应用程序框架 MIDlet 是被 AMS 管理的。AMS 负责 MIDlet 程序的安装、下载、运行及删除等操作。MIDlet 程序有三个状态，分别是：活跃、暂停和销毁。MIDlet 也提供了进入这些状态的方法。

思考与练习

1. MIDlet 程序框架有哪几个状态？

2. MIDlet 框架中，startApp、pauseApp、destroyApp、notifyPaused 和 notifyDestroyed 五个方法各有什么作用？

3. 简述使用 WTK 创建并运行项目的整个过程。

4. 简述用 WTK 进行“打包”并将产品下载到实际手机的操作过程。

第三章　开发文字游戏

本章内容提要

本章由4节组成。主要讲解开发文字游戏的特点、分类、用户群、开发要求、发展史等，并通过“猜数字”游戏较为直观地讲解了这类游戏的开发规则和程序编写流程。最后2节是小结和作业安排。

本章学习重点

- 概述
- 开发实战

本章教学环境：计算机实验室

学时建议：7小时（其中讲授2小时，实验5小时）

随着软、硬件技术的发展，手机上可显示的图像效果越来越逼真。然而无需图像显示的文字游戏，仍是当今手机游戏大餐中必不可少的一道菜。

第一节　概述

关键点：①特点、②分类、③用户群、④开发要求、⑤发展史。

文字游戏是以文字交换为主要形式的游戏。这类游戏中没有或仅有少量图像信息，主要用文字来描述游戏过程，并且通过文字给予游戏者一定的想象空间。目前的短信游戏和WAP浏览器游戏都属于文字游戏。

一、文字游戏的特点

1. 优势

- **兼容性好**

文字游戏对硬件的要求非常低，只要是支持游戏的手机就一定支持文字游戏。

- **上手容易**

图形游戏中，游戏者常常需要弄清各种图标的作用，这可能使他们感到头疼。而在文字游戏中则不会有图标的麻烦，游戏者只需要根据文字提示进行操作。

2. 劣势

- **直观性差**

文字游戏中没有直观的图像，游戏者需要具备一定的想象能力，才能进行游戏。

- **游戏性差**

文字游戏大多操作简单，只能以文字提示的方式展开游戏内容，而且游戏的玩法也相对单调一些。

二、文字游戏的分类

常见的手机文字游戏，可按照游戏内容或网络环境进行分类。

1. 按内容分类

- **猜谜游戏**

类似“打灯谜”的游戏。这种游戏中，系统会先提示某些信息，游戏者需要根据这些提示，猜出某个文字或某段语句。例如经典的“猜数字”、“猜单词”等游戏。

- **测试游戏**

这种游戏中，系统先提出测试问题，并要求游戏者输入某些信息，有时系统还会列出一些选项让游戏者选择，游戏者输入或选择信息后，系统再反馈给游戏者测试的结果。

- **培养游戏**

培养宠物的游戏。例如，目前有一种很流行的网络文字游戏——虚拟宠物。在此游戏中，玩家喂养一只宠物，服务器有时会发送如下信息给玩家：“您的宠物饿了，您是否要喂食？喂食请回复信息‘是’，不喂食请回复信息‘否’”。当回复信息“是”后，会收到如下信息：“喂食成功，您的宠物的饥饿度从 70 下降到 20”。

- **MUD 游戏**

MUD 的全称是 Multiple User Dimension（多用户层面），也有人称之为 Multiple User Dungeon（多用户地牢），或者 Multiple User Dialogue（多用户对话）。它是指多人在线的文字网络游戏，国内玩家称之为“泥巴”游戏。

MUD 游戏类似目前流行的网络角色扮演游戏，只不过 MUD 既没有声音也没有图像，是纯文本的。在 MUD 游戏中，游戏者通过输入特定的指令来控制游戏角色。例如当前提示：“您在清风寺内”，游戏者输入指令“Out”后，系统会提示“您已经走出了清风寺”。

MUD 游戏的故事背景通常以金庸或古龙小说为题材，在游戏中，每个游戏者扮演一个角色，他们相互交谈，一起冒险。MUD 是一个没有结局的游戏，如同现实世界一样，每个游戏者都只是社会和历史的一部分。

2. 按环境分类

- **单机文字游戏**

只需下载到本地手机，无须网络环境就可以玩的文字游戏。

- **短信游戏**

短信游戏是目前最流行的文字游戏。短信游戏的玩法通常是发送一条信息到某个号码，此号码对应着游戏供应商的服务器。服务器收到这条消息后执行一些操作，然后返回一条结果信息到玩家的手机中。

- **WAP 游戏**

WAP 是无线应用协议浏览器的简写，是手机上的网页浏览器。WAP 游戏大多是在手机网站上进行的测试游戏（以心理测试为主）。WAP 游戏中有少量的页面图片，所以其在表达方式上优于短信游戏，不过 WAP 游戏仍然是以文字叙述为主。

三、文字游戏的用户群

文字游戏的用户群具有以下特点：

1. 希望通过短信交友的年轻人
2. 希望通过答题获得奖品的人
3. 对星座或爱情等预测很感兴趣的人
4. 无聊时偶尔进行游戏的人

他们的游戏时间很短，每次游戏的时间大多不超过 5 分钟。

四、文字游戏的开发要求

1. 设计要求

- **描述简洁明**

文字游戏是以文字描述来展开游戏内容的，这就要求文字叙述要让游戏者“一读就懂”，而且不能产生歧义。

- **尽量减少用户的输入**

很多手机的用户都不会输入文字，更不会发送短信。所以在文字游戏中，应尽量减少玩家的输入，需要反馈信息时，可提供一些选项，让玩家选择。

2. 技术要求

文字游戏的程序中，需要使用“自动换行”、字体变换等多种技术来提高文字的显示效果。

五、文字游戏的发展史

由于受到硬件的限制，早期的电脑游戏大多以文字叙述为主，它们赋予玩家很多想象的空间，玩家在其中感受到的乐趣远远超过今天的一些“高科技游戏”。

1.《SpaceWar（太空大战）》

世界上第一款电子游戏叫做《SpaceWar（太空大战）》，诞生于 1961 年，是由美国麻省理工学院的学生们开发的。不过该游戏并不是文字游戏，它具有一定的图像显示效果，如图 3-1 所示。

图 3-1 《太空大战》

2.《Hunt the Wumpus（猎杀乌姆帕斯）》

此后，越来越多的电脑精英被电子游戏的魅力所吸引。1972 年，《Hunt the Wumpus（猎杀乌姆帕斯）》成为继《太空大战》之后另一部广为流传的电脑游戏。《猎杀乌姆帕斯》的开发者是美国马萨诸塞大学的格雷戈里·约伯，这是一部纯文字的冒险游戏，其内容大致如下：玩家装备着5支箭，进入一个纵横相通的山洞，寻找游荡在其中的怪物乌姆帕斯。每进入一个洞穴，游戏都会提供一些文字线索，例如“你感觉到一股穿行于无底深渊中的气流”（表示前方有陷阱）或者“你听见前面有一群扑扇着翅膀的蝙蝠”（表示随机出现洞穴）；当游戏提示“你闻到了乌姆帕斯的气息”的时候，玩家就可以拉开弓，朝藏有乌姆帕斯的洞穴射出一箭，射中后游戏便会结束。严格地说，《猎杀乌姆帕斯》并非交互式游戏，因为在整个过程中玩家不必输入任何指令，只要选择不同的洞穴进入，最后射出致命一箭即可。

3.《Adventure（探险）(《巨穴》)

第一款真正的交互式文字游戏诞生于70年代。1972年，一位名叫克劳瑟的程序员与妻子黯然分手，儿女们也与他渐渐疏远。为了能够吸引儿女的注意，克劳瑟用FORTRAN语言在PDP-10（早期的一种大型计算机）上编写了一个有趣的程序，这段程序就成为世界上第一款交互式文字游戏——《Adventure（探险）》。该游戏又名《巨穴》，以克劳瑟早年的洞穴探险经历为素材，其中还加入一些角色扮演的成分。《探险》游戏中，玩家的目标是探索整个“巨穴”，并带回财宝返回起点。游戏中，玩家可以输入不同的指令来控制虚拟角色，如“向西转”、“进入山谷”等。

1976年，又有很多程序员对克劳瑟的《探险》游戏进行拓展，增加许多新的故事情节。随后这部游戏便迅速地在ARPAnet（互联网的前身）上蔓延，几乎每台与ARPAnet相连的电脑上都有一份拷贝，大家陷于其中无法自拔，有人戏称《探险》使整个电脑业的发展停滞了至少两个星期。

4.《魔域帝国》(《Zork》)

1977年，麻省理工学院的几位程序员（大卫·莱布林、马克·布兰克与提姆·安德森）在《探险》的基础上，开发了《Zork》游戏（后人译为《魔域帝国》)。《魔域帝国》的虚拟场景没有《探险》大，但却拥有更丰富的内容：小偷、石怪、独眼巨人、水塘、水库、房屋、森林、冰河、迷宫等等。《魔域帝国》的三点创新对后来的RPG游戏影响很大：它首次在游戏中加入了时间因素，随着时间的推移，游戏场景会进行昼夜交替；它首次在游戏中加入NPC（电脑控制的机器人)，这些NPC与玩家共同进行游戏；它首次在游戏中加入性能与战斗系统，使得主角有受伤、昏迷、死亡等不同状态，每种怪物也有各自的战斗风格。需要提醒的是，《魔域帝国》中的所有内容都是用文字表述的，因此无论是开发者还是玩家，都需要具备丰富的想象力，如图3-2所示。

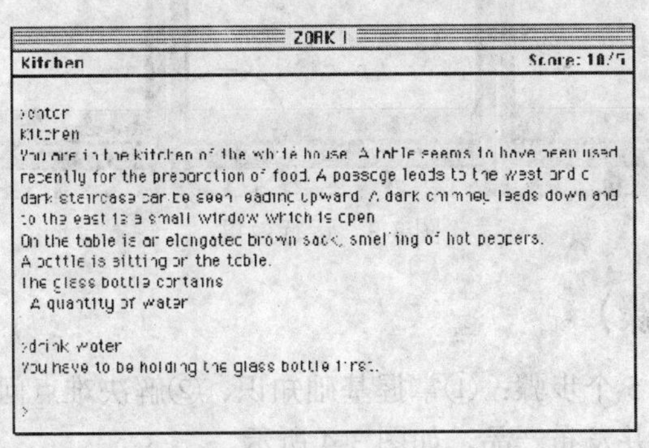

图3-2 《魔域帝国》

5.《Beyond Zork》

此后，《魔域帝国》产生了一系列的后继版本，但直到1987年的《Beyond Zork》（超越魔域帝国）中才首次在《魔域》系列中采用图形界面。

第二节 “猜数字”游戏开发

关键点：①规则、②效果、③流程、④具体操作。

接下来介绍一款玩法简单又不失趣味性的游戏“猜数字”的开发过程。“猜数字”是许多手机上必备的游戏之一。

一、操作规则

“猜数字”游戏的操作规则是：

1. 每次启动游戏，系统先随机生成一个四位数（以下简称为目标数）。

2. 目标数中各个数位上的数字不重复，例如目标数不会是2234，因为它千位与百位上的数字都是2。

3. 游戏者只有5次机会来猜出目标数。每次机会中，游戏者都输入一个四位数（以下简称为输入数），同样输入数中各个数位上的数字也不能重复。

4. 游戏者确认输入后，系统会根据输入数给出反馈信息，反馈信息是mBnA形式的文本。该文本表示输入数和目标数中有（m+n）个数字相同，有n个数字不仅数字本身相同而且位置也一致。例如输入数是2438，目标数是1234，反馈的信息就是2B1A，因为2、3、4三个数字存在于目标数中，而输入数与目标数中十位上的数字都是3，即（m+n）= 3；n = 1。

5. 如果输入数与目标数完全相同，则猜数成功；若5次都没猜对，则猜数失败。

二、实例效果

本实例在模拟器上的运行效果如图3-3所示。

图3-3 运行效果

三、开发流程（步骤）

本实例的开发流程为5个步骤：①掌握基础知识、②解决难点问题、③绘制程序流程图④编写实例代码、⑤运行并发布产品，如图3-4所示。

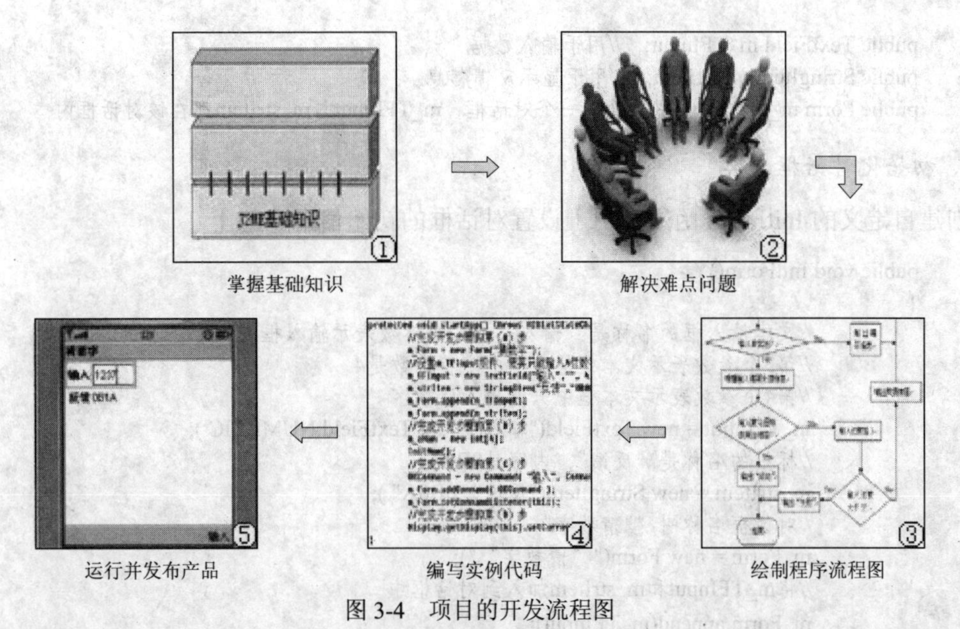

图 3-4　项目的开发流程图

四、具体操作

流程 1　掌握基础知识

“猜数字”游戏需要让玩家向手机输入数字，同时手机屏幕将输出反馈信息。可通过 J2ME 中的对话框接口来实现这些功能。

计算机中的软件经常会弹出对话框，对话框上有很多标准的控件，比如文本输入框，标签，图片等。在手机中同样有标准的对话框及一系列对话框控件。J2ME 提供了 Form 类来显示和管理对话框，而对话框中的控件分别由 ChoiceGroup,、DateField,、Gauge、ImageItem、StringItem、TextField 等几个类来管理，图 3-5 显示了各个类所管理的控件。

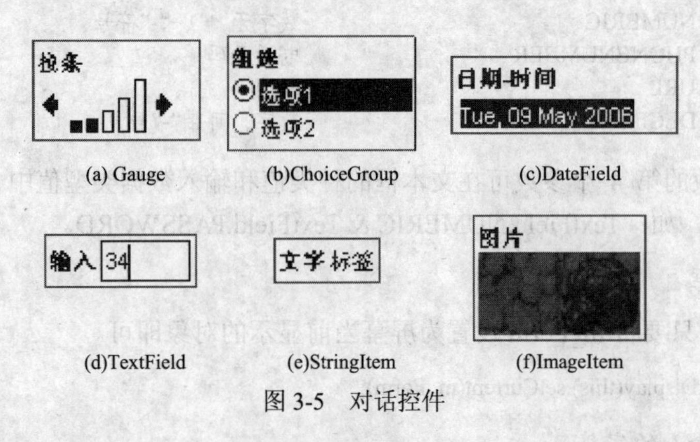

图 3-5　对话控件

使用这些控件来处理本游戏中的输入输出操作就简单多了，可利用 TextField 类让玩家输入数字，利用 StringItem 类输出反馈信息，具体方法如下所述。

1. 定义 Form、TextField、StringItem 对象

在 MIDlet 框架的开头，定义 Form、TextField、StringItem 等对象，以便在程序中使用对话框控件，具体代码如下所述：

```
public TextField m_TFInput;  //用于输入数据
public StringItem m_strItem;  //用于显示反馈信息
public Form m_Form;  //用于管理一个对话框，m_TFInput与m_strItem都在该对话框内
```

2. 初始化对话框

创建自定义的 InitForm 函数，用于设置对话框的初始信息。

```
public void InitForm()
{
        //文本输入框的名称是“输入”，第2个参数表示输入框初始为空，
        //第3个参数表示文本框最大输多字符个数是4
        //第4个参数表示文本框中只能输入整数字
        m_TFInput = new TextField("输入","", 4, TextField.NUMERIC );
        //标签的名称是“反馈”，内容是0B0A
        m_strItem = new StringItem("反馈","0B0A" );
        //对话框名称叫““猜数字””
        m_Form = new Form("“猜数字”");
        //将m_TFInput和m_strItem加入到对话框中
        m_Form.append(m_TFInput);
        m_Form.append(m_strItem);
}
```

注：TextField 函数的第 4 个参数，规定了文本框的种类与输入的数据类型。通常文本框的种类可选如下值：

PASSWORD	密码输入框
UNEDITABLE	不能进行编辑的文本框

通常输入数据类型可选如下值：

ANY	任何数据
EMAILADDR	E-mail地址
NUMERIC	数字无“+”、“-”符号
PHONENUMBER	电话号码
URL	网址
DECIMAL	数字，可带“-”号。

TextField 函数的第 4 个参数可在文本框的种类值和输入数据类型值中各选一项，用操作符“&”将它们分开，如：TextField.NUMERIC & TextField.PASSWORD。

3. 显示对话框

显示对话框，只要将 m_Form 设置为屏幕当前显示的对象即可。

```
Display.getDisplay(this).setCurrent(m_Form);
```

4. 取得用户输入的字符

TextField 类中定义了 getChars 函数，可用于取得用户的输入，具体方法如下所述：

```
char cNum[] = new char[4];
m_TFInput.getChars(cNum);
//经过以上操作后，数组cNum中便存放了输入的字符。
```

5. 增加确认按钮

另外，本游戏中还需要有一个确认按钮，让玩家确认输入。可采用 J2ME 提供的 Command 类来管理确认按钮。Command 类常用来产生高级操作的指令对象，方法如下：

```
OKCommand = new Command( "输入", Command.OK, 0);
m_Form.addCommand( OKCommand );
```

OKCommand 是一个 Command 类的实例，以上两行代码将产生一个名为“输入”的指令按钮，Command.OK 表示它对应手机上的 OK 键（软件 A 键），本章图 3-3 显示了这个按键的位置，不同手机上该按键的位置不同，Command 函数中最后一个参数表示指令操作的优先级，0 代表普通级别。

最后修改代码，使 Mildet 继承 CommandListener 类的 commandAction 方法。每次玩家进行高级操作时，系统都会调用 commandAction 方法。所以，可以在 commandAction 方法中添加输入后的处理操作。具体代码，请参考本章后面的 NumberMIDlet 类的代码。

流程 2　解决难点

开发本章游戏之前，还应该先了解该游戏的开发难点及解决各个难点的方法。

1. 开发难点

本游戏的开发过程中会遇到以下几个难点：

（1）在手机上，如何让玩家输入数字，如何输出反馈信息。

（2）启动游戏后，如何生成四位随机数。

（3）如何判断玩家输入的数字是合法的（即各个数位上的数字不能重复）。

（4）如何根据玩家输入的数字得出 m 与 n 的值。

2. 难点的解决方法

各种难点的解决方法如下所述：

（1）产生四位随机数的方法

J2ME 中随机数字的产生方法如下：

```
Random random = new Random();                    //创建Random类型对象
int k = random.nextInt();                        //生成随机数
//取得特殊范围随机数，范围是0~9。Math.abs方法可取得k%10的绝对值
int j = Math.abs(k % 10);
```

四位随机数产生的算法如下所述，请参照注释进行理解。

```
public void InitNum(){
    Random random = new Random();
    int k = 0;   int m = 0;
    for( int n = 0; n < 4; n ++ )
    {
        k = random.nextInt();
        //m_aNum是int型数组，存放各个数位上的数字
        m_aNum[n] = Math.abs(k % 10);
        //for循环语句，确保四个数位上的数字无重复
        for( m = 0; m < n; m ++ )
```

```
            {
                //若与前面的数字重复，则用加1的办法保证不重复
                if( m_aNum[n] == m_aNum[m] )
                    m_aNum[n] ++;
                if( m_aNum[n] > 9 )                    //若加1后大于9则回到0
                    m_aNum[n] = 0;
            }
        }
}
```

（2）输入数是否合法的判断方法

只要判断输入数字中各个数位上是否有相同的数字即可，该功能的实现代码如下所述：

```
//返回true表示输入合法，false说明输入非法
public boolean CheckNumber( char cNum[] )
{
    //位数不是4则直接返回false
    if( cNum.length != 4 )
        return false;
    for( int i = 0; i < 4; i ++ )
    {
        for( int j = 0; j < i; j ++ )
        {
            //有两个数字相同了，确定是非法输入，输出提示信息
            if( cNum[i] == cNum[j] )
            {
                m_strItem.setText(null);
                m_TFInput.setChars(null, 0, 0);
                m_strItem.setText("非法数字");
                return false;
            }
        }
    }
    return true;
}
```

（3）由输入数得出反馈信息的方法

得到输入数后，先令 m 和 n 都为 0，然后将输入数中每个数位上的数字与目标数中每个数位上的数字逐个比较，当判断出两个数字相同时，如果两数字位置也相同则 n 的值加 1，否则 m 的值加 1。具体的实现代码如下所述：

```
//参数cNum是用户输入的字符数组
public void FeedBack(char cNum[])
{
    if( cNum.length != 4 )
        return;
    int nB = 0;            //变量nB记录B的个数，即nB与上面提到的m的值相同
    int nA = 0;            //变量nA记录A的个数，即nA与上面提到的n的值相同
    for( int i = 0; i < 4; i ++ )
    {
        for( int j = 0; j < 4; j ++ )
```

```
        {
            //需要注意cNum[i]存放的是字符，需要先转换为对应的数字，
            //再与m_aNum[j]进行比较
            if( (int)(cNum[i] - '0') == m_aNum[j] )
            {
                //如果位置也相同，则m的值加1
                if( i == j )
                    nA ++;
                //如果位置不相同，则n的值加1
                else
                nB ++;
            }
        }
    }
    if( nA == 4 )
    {                   //如果完全正确，则游戏结束，"猜数字"成功
        m_strItem.setText(null);
        m_strItem.setText("成功");
        //m_bEndGame是游戏结束的标志，该值为true表示游戏结束
        m_bEndGame = true;
        return;
    }
    else
    {
        m_nTimes ++;                //m_nTimes记录玩家输入的次数
    }
    //当玩家输入的次数大于5时，游戏结束，猜数失败
    if( m_nTimes > 5 )
    {
        m_strItem.setText(null);
        //m_bEndGame是游戏结束的标志，该值为true表示游戏结束
        m_strItem.setText("失败");
        m_bEndGame = true;
        return;
    }
    //用StringBuffer类拼出反馈的文字，
    //append方法可在StringBuffer原有字符的后面添加新字符。
    StringBuffer temp = new StringBuffer();
    //可直接添加int类型，StringBuffer会自动将int型变量转换成对应的字符
    temp.append(nB);
    temp.append("B");
    temp.append(nA);
    temp.append("A");
    //若nB =1,nA = 2,temp.toString()返回的值就是"1B2A"。
    m_strItem.setText(null);
    m_strItem.setText(temp.toString());     //设置标签显示的内容，即输出反馈信息
    m_TFInput.setChars(null, 0, 0);         //之后，清空文本框，以便玩家下次输入
}
```

流程 3　绘制程序流程图

难点问题逐一解决之后，则可以正式开始开发游戏。开发游戏，首先需要绘制程序流程图，

图 3-6 是本例游戏的程序的编写流程图。

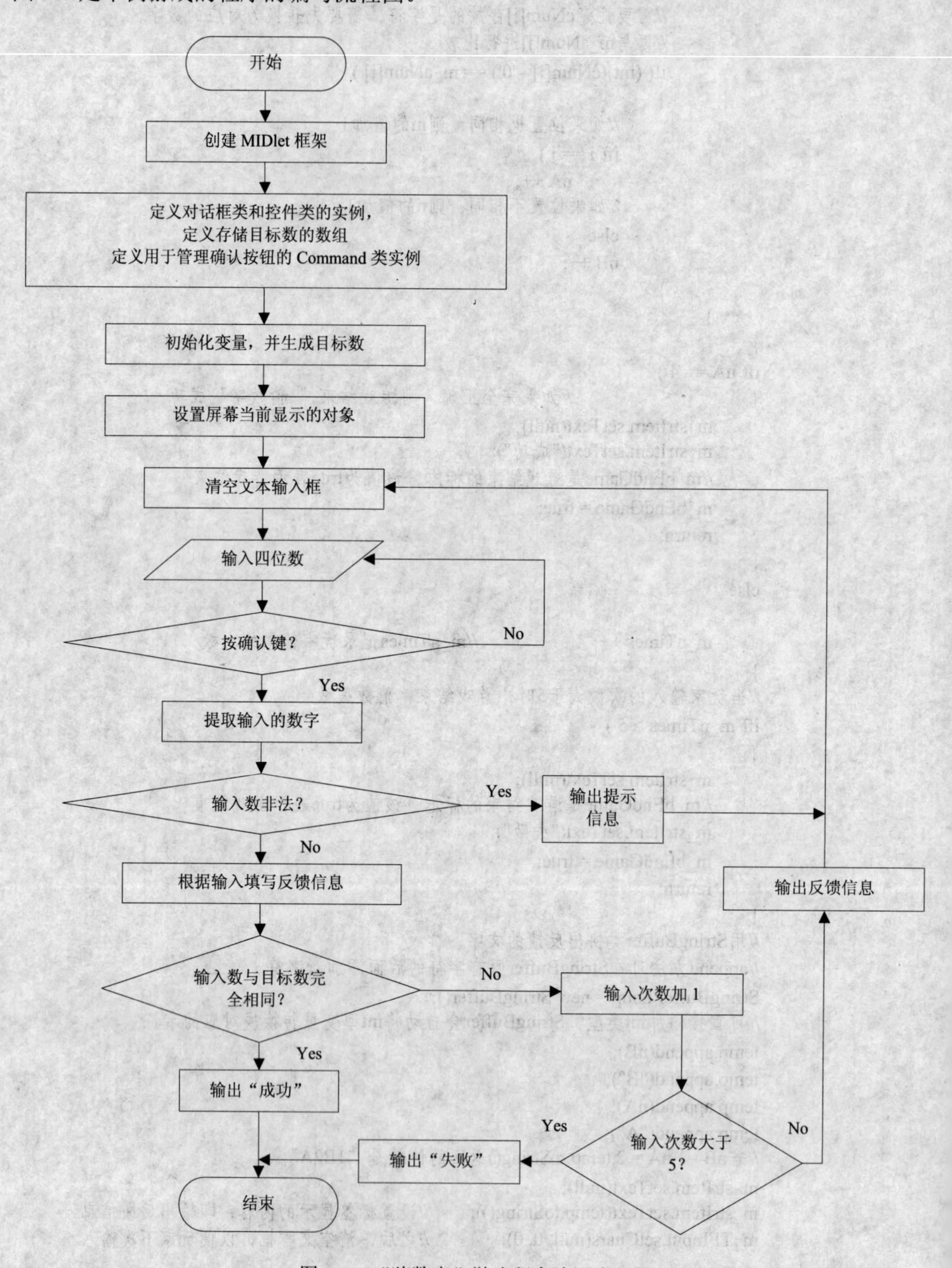

图 3-6 “猜数字”游戏程序编写流程图

根据本程序编写流程图，可确定本游戏的开发步骤。创建本实例的 MIDlet 框架后，其它具体步骤如下所述：

（A）创建对话框及界面组件。

（B）随机生成“目标数”。

（C）创建高级指令，并设置指令监听器。

（D）将对话框控件设置成屏幕当前的显示对象。

（E）添加 commandAction 接口，并在接口中编写代码，以检测输入数的合法性，并反馈信息。

流程 4　编写实例代码

有了程序流程图后，游戏代码的编写将变得异常简单。打开 WTK，创建名为 Number 的新项目，然后为该项目添加 NumberMIDlet.java 文件，操作过程请参考上一章的讲解。最后修改 NumberMIDlet 框架的代码。以下为修改后的代码，请参照注释进行理解：

```
import java.util.Random;                    //导入随机数支持类
import javax.microedition.lcdui.*;          //导入对话框控件支持类
import javax.microedition.midlet.*;         //导入MIDlet支持类

/*********************************************************************
Implements关键字用于实现接口继承，使NumberMIDlet类继承CommanListener
类的某些接口。
*********************************************************************/
public class NumberMIDlet extends MIDlet implements CommandListener
{
    private Form m_Form;                        //定义的Form类实例用于管理对话框
    private TextField m_TFInput;                //定义一个文本输入框变量
    private StringItem m_strItem;               //定义一个标签变量
    private int m_aNum[];          //定义一个数组，分别存储目标数各个数位上的数字。
    private int m_nTimes = 0;                   //记录输入次数
    private boolean m_bEndGame = false;         //游戏结束的标志
    private Command OKCommand;                  //定义指令按钮
    public static NumberMIDlet midlet;          //静态变量，便于全局访问
    public NumberMIDlet()
    {
        super();
        midlet = this;                          //指定当前的MIDlet对象
    }
    protected void startApp() throws MIDletStateChangeException
    {
        //完成开发步骤的第（A）步
        m_Form = new Form("“猜数字”");
        //设置m_TFInput组件，使其只能输入4位数字
        m_TFInput = new TextField("输入","", 4, TextField.NUMERIC );
        m_strItem = new StringItem("反馈","0B0A" );
        m_Form.append(m_TFInput);
        m_Form.append(m_strItem);
        //完成开发步骤的第（B）步
        m_aNum = new int[4];                    //产生目标数
        InitNum();
        //完成开发步骤的第（C）步
        OKCommand = new Command( "输入", Command.OK, 0);
```

```
        m_Form.addCommand( OKCommand );
        m_Form.setCommandListener(this);
        //完成开发步骤的第（D）步
        Display.getDisplay(this).setCurrent(m_Form);
    }
    protected void pauseApp()
    {
    }
    protected void destroyApp(boolean arg0) throws MIDletStateChangeException
    {
    }
    public void commandAction(Command arg0, Displayable arg1)
    {
        //完成开发步骤的第（E）步
        if( m_bEndGame )
            return;
        if (arg0 == OKCommand)
        {
            char cNum[] = new char[4];
            m_TFInput.getChars(cNum);
            if( !CheckNumber( cNum ) )
                return;
            FeedBack(cNum);
        }
    }
    public void InitNum()
    {
        ……，此处代码略，与本章实例制作“流程二”中所给出的同名函数代码相同
    }
    public boolean CheckNumber( char cNum[] )
    {
        ……，此处代码略，与本章实例制作“流程二”中所给出的同名函数代码相同
    }
    public void FeedBack(char cNum[])
    {
        ……，此处代码略，与本章实例制作“流程二”中所给出的同名函数代码相同
    }
}
```

流程 5　运行并发布产品

完成代码修改并保存文件后，通过 WTK 来运行 Number 项目，在“MideaControlSkin”模拟器中的运行效果如图 3-3 所示。

本章小结

文字游戏是以文字交换为主要形式的游戏。“猜数字”是一种文字游戏，它玩法简单又不失趣味性的游戏，是许多手机上必备的游戏之一。

J2ME 提供了 Form 类来显示和管理对话框，同时还提供了 ChoiceGroup,、DateField,、Gauge、

ImageItem、StringItem 及 TextField 等几个类分别管理对话框中的控件。J2ME 中还提供了 Random 类，用于产生随机数字。

判断本游戏中输入的数字是否合法，只需分两重循环检查输入数中各个数位上是否有重复的数字。本章游戏中，每次用户输入后，需分两重循环，将输入数与目标数进行逐位比较，然后输出反馈信息。开发本章游戏，需先绘制流程图，再编写代码。

思考与练习

1. 请说出文字游戏的定义及该类游戏的特点。
2. 简述 Form 类的作用，并说出 J2ME 提供了哪些管理对话框控件的类，各类分别管理哪种控件。
3. 简述 J2ME 中随机数的产生方法。
4. 编写一段代码，使之能随机生成 6 个小于 100 的正整数。
5. J2ME 程序中，如何取得某个数的绝对值？
6. 如何在手机屏幕上显示一个对话框。
7. J2ME 程序中，如何得到用户在文本输入框中输入的字符？
8. 仔细阅读本章游戏程序中 CheckNumber 方法的代码，并画出该方法代码的程序流程图。

第四章　开发益智游戏

本章内容提要

本章由4节组成。首先讲解益智游戏的特点、用户群、分类、开发要求、游戏的代表，接下来细致讲解开发益智游戏“拼图”的8个流程和步骤，最后是本章小结和作业安排。

本章学习重点

- 益智游戏特点
- 益智游戏“拼图”游戏制作

本章教学环境：计算机实验室

学时建议：7小时（其中讲授2小时，实验5小时）

很多优秀的益智游戏让游戏者爱不释手，这类游戏短小而又有趣，非常适合运行在手机设备上。

第一节　概述

关键点：①特点、②用户群、③分类、④开发要求、⑤游戏的代表。

益智游戏的英文名是Puzzle Game，简称为PUZ游戏。益智游戏是指：需要开动脑筋才能完成任务的游戏。

益智游戏中往往存在很多玄机，游戏者需要对游戏的规则进行思考，需要对游戏中出现的情况进行判断，需要不断地开动脑筋，才能找出所有玄机，进而完成游戏任务。

一、益智游戏的特点

益智游戏大多具有以下特点：

1. 内容短小

益智游戏的容量通常在10M以内，甚至可能是几K大小。因此，这类游戏很适合运行在存储空间有限的手机设备上。

2. 节奏较慢

益智游戏的节奏比较缓慢，因为需要给游戏者留出足够的思考时间。

3. 画面很少卷动

益智游戏场景一般比较小，无须画面的卷动，使游戏者可以掌控整个场景内的情形。游戏画面卷动是指：当游戏场景很大时（整个屏幕不能同时显示所有场景），游戏会通过移动场景画面的方式，来展现所有的场景。

4. 规则稍显复杂

与一般的小游戏相比，益智游戏的规则会显得有些复杂，但正是复杂的规则中才隐藏了游戏的玄机与乐趣。

5. 富有挑战性

益智游戏中，游戏者需要反复地研究与探索才能完成任务。游戏的每个任务都经过精心地设计，都是对游戏者智力的挑战。

二、益智游戏的用户群

调查显示，益智游戏的用户群具有以下特点：

1. 喜欢独立思考，喜欢开动脑筋想问题。
2. 喜欢探索，喜欢迎接挑战。
3. 喜欢玩单机游戏，更重视游戏的内涵。
4. 游戏时间很短，常常在开会或等车时进行游戏。

三、益智游戏的分类

常见的益智游戏，按照内容可分为以下几种：

1. 解迷游戏

这种游戏主要考察游戏者的观察与思考能力。在游戏中，游戏者需要仔细观察场景，发现其中的玄机，然后合理利用各种道具来完成指定的任务。例如 Window 系统自带的《扫雷》以及经典的《推箱子》（如图 4-1 所示）都属于这种游戏。

2. 拼图游戏

拼图游戏的任务就是将图形拼接完整。在游戏中，系统会以各种方式将一幅完整的图像分解，游戏者需要按照规则将图像拼接回原始状态。本章将要制作的游戏《智力拼图》就属于这种游戏。

3. 砖块游戏

以砖块为题材的游戏，具备“开动脑筋”的特点。例如家喻户晓的《俄罗斯方块》就属于这种游戏。

4. 管道游戏

以管道为题材的游戏，这种游戏中，游戏者通常需要连接各种形状的管道，以保证液体能顺利地流到指定位置。例如《接水管》就属于这种游戏，如图 4-1 所示。

5. 消除游戏

这种游戏的任务是消除同种颜色的物体。在游戏中，画面上会出现各种颜色的物体，游戏者需要按照规则将同颜色的物体排列到一起。当相连的同颜色物体达到一定数量时，这些物体就会消失，游戏者也会因此赢得一定的积分。例如 QQ 游戏中的《对对碰》就属于这种游戏，如图 4-1 所示。

6. 追逐游戏

这种游戏中，游戏者需要控制某个角色，利用道具或地形摆脱敌人的追击，并完成某项任务。追逐游戏带有冒险和动作的成分，但与冒险游戏及动作游戏不同的是，追逐游戏的主要目的是让游戏者开动脑筋。例如 FC 游戏中经典的《吃豆人》就属于这种游戏，如图 4-1 所示。

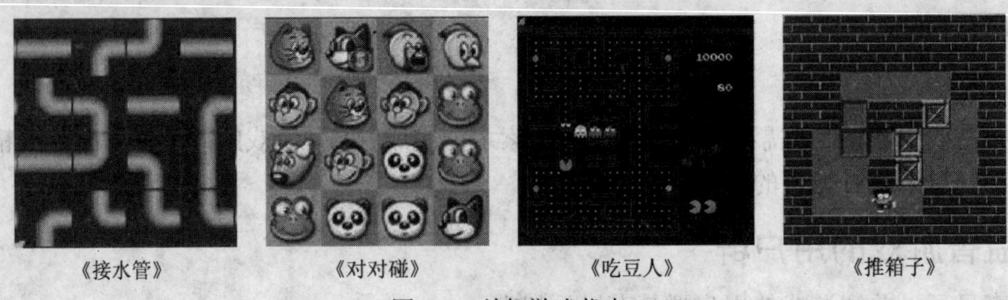

《接水管》　《对对碰》　《吃豆人》　《推箱子》

图 4-1　益智游戏代表

四、益智游戏的开发要求

1. 设计要求

设计益智游戏时，要注意以下几个方面：

（1）游戏规则不能过于简单

制作益智游戏之前，要精心地设计游戏的规则，要将一些玄机隐藏在游戏规则中。

（2）关卡难度适中

在设置游戏关卡时，要考虑大部分游戏者的智力水平。关卡设置得过于简单，将使游戏缺乏挑战性。相反，如果关卡过于复杂，也将使很多游戏者在游戏中途就失去信心。

（3）内容要健康

近两年来，中国游戏产业发展迅速。但很多游戏中充满暴力、凶杀等内容，给青少年带来负面的影响，也使得人们谈“游戏”而色变。益智游戏主要以开发智力为目的，它更适合于青少年，因此这类游戏的内容一定要健康。

（4）增加合理的道具

很多益智游戏都存在各种道具，每种道具都有特殊的作用和效果。这些道具给玩家提供了更多的探索空间，进而也增加了游戏的乐趣。

2. 技术要求

开发益智游戏，通常需要在程序中利用各种算法（如多重循环、排序、递归等等），来实现复杂的游戏规则。

五、益智游戏的代表

说到益智游戏，很多人都会想到《拼图》、《扫雷》、《俄罗斯方块》、《推箱子》等游戏，它们都是家喻户晓老少皆宜的大众游戏，都是益智游戏的经典之作。

1.《拼图》

电子设备上的《拼图》游戏是从拼图玩具衍生出来的。拼图玩具已经有约 235 年的历史了。早在 1760 年，法英两国几乎同时出现这种既流行又有益的娱乐方式。1762 年，在法国路易斯十五统治时期，一个名叫迪马的推销商开始推销地图拼图，取得小小成功。同年，在伦敦，一位名叫约翰-斯皮尔斯伯里的印刷工也想到了相似的主意，发明了经久不衰的拼图玩具。他极其巧妙地把一幅英国地图粘到一张很薄的餐桌背面，然后沿着各郡县的边缘精确地把地图切割成小块早期的拼图只是有钱人的游戏，手工绘制、手工着色、手工剪切使拼图的价格非常昂贵。直到19世纪初，德国和法国的拼图制造商用软木材、夹板和纸板代替硬木薄板，大大降低了成本。最终价格低廉的拼图被各阶层的消费者接受，很快在孩子们、成年人和老年人中掀起玩拼图狂潮。1929年世界经济危机之后，是拼图流行不衰的顶点时期。拼图游戏让人们忘记艰难生活，沉浸在拼凑幸福日子的梦想之中。

2.《扫雷》

“人们在扫雷游戏上花费的时间，可以为这个社会创造数十亿美元的财富。”，这是加拿大心理学家PiersSteel对这款Windows小游戏的感慨。《扫雷》还拥有国际性的赛事：2005年和2006年，在越南和布达佩斯分别举办过几次国际性的扫雷赛。

《扫雷》最原始的版本是一款名为《方块》的游戏，这款游戏诞生于1973年。1985年，MS－DOS系统中出现了《Rlogic》游戏，该游戏正是从《方块》游戏改编而来。在《Rlogic》里，玩家的任务是为指挥中心探出一条没有地雷的安全路线。两年后，程序员汤姆·安德森在《Rlogic》的基础上又编写出了《地雷》游戏，该游戏就是现代《扫雷》游戏的雏形。Windows平台上的《扫雷》最早出现于1981年，由微软公司的罗伯特·杜尔和卡特·约翰逊编写。

3.《俄罗斯方块》

《俄罗斯方块》的操作简单，难度却不低，它是俄罗斯人创造的，创造者叫阿列克谢·帕基特诺夫（Alexey Pazhitnov）。1985年6月，工作于莫斯科科学计算机中心的阿列克谢·帕基特诺夫在玩过一个拼图游戏之后受到启发，从而制作了一个以Electronica 60（一种计算机）为平台的俄罗斯方块的游戏。后来经瓦丁·格拉西莫夫（Vadim Gerasimov）移植到PC（个人电脑）上，并且在莫斯科的电脑界传播。

1989年7月，任天堂NES（一种家用游戏机）版的《俄罗斯方块》在美国发售，全美销量大约300万套。与此同时，GB（GameBoy，一种掌上游戏机）版《俄罗斯方块》也席卷美国，美利坚大地上刮起一阵方块旋风。

4.《推箱子》

几年前，该游戏在PC机上非常流行，现在许多资深玩家也都对《推箱子》赞不绝口，可见有深度的益智游戏是非常受欢迎的。

《推箱子》起源于《仓库世家》游戏。1994年，我国台湾省的李果兆成功开发了《仓库世家》游戏（又名《仓库番》）。《推箱子》中，箱子只可以推，不可以拉，而且一次只能推动一个，游戏的任务就是把所有的箱子都推到目的地。

第二节　益智游戏《拼图》开发

关键点：①规则、②效果、③处理、④流程、⑤具体操作。

接下来介绍《拼图》游戏的开发过程，其规则比较简单，算法也不是很复杂，但它绝对是练习图形游戏的典型代表。

一、操作规则

拼图游戏是手机中常见的游戏之一，用户通过移动切分后的图形方块，最终拼出指定的图形而完成游戏。本例中要制作的是一个 3*3 的拼图，即由 9 个切分的小图块（其中有一块不显示图形）构成一幅完整画面。

为方便讲解，这里将不显示图形的方块称为空图块，其他图形方块称为图块。如图 4-2（1）所示，黑色方块就是空图块，空图块上下左右四个方向的相邻图块可以移动，并且只能移动这些相邻图块中的一块到空图块的位置。移动后，原空图块消失，被移动图块的原来位置将产生新的空图块。如图 4-2 所示，其中（2）是某次游戏刚启动时的效果；（3）是移动了最下排中间图块后的效果；（4）是最终需要拼成的效果。

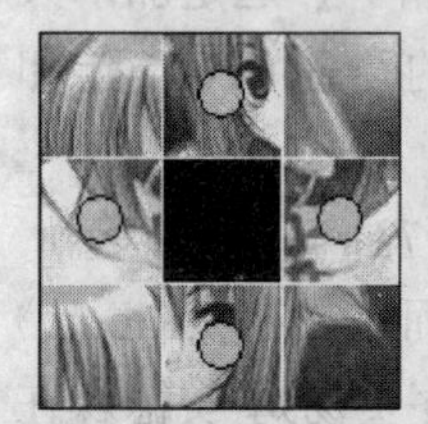
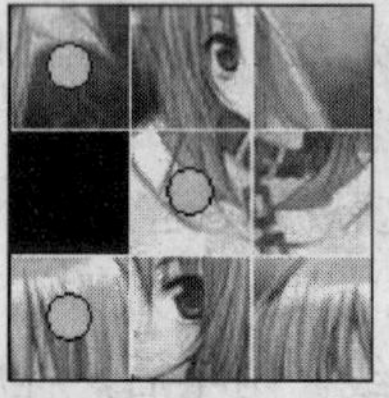

（1）可移动的图块

（2）启动效果

（3）移动后效果

（4）最终效果

图 4-2　移动规则示意

在手机上，用按键 1~9 分别对应各个位置的图块，如图 4-3（1）所示。需要移动某个位置的图块时，只需按该位置对应的数字键即可。当按下 0 键时，显示整个原始图片，如图 4-3（2）。

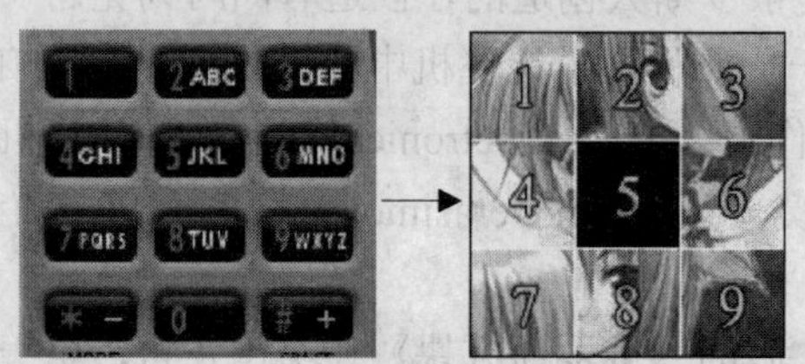

（1）1~9 键移动对应的图块

（2）0 键显示原始图片

图 4-3　按键规则示意

二、实例效果

本游戏的实际效果见图 4-4。

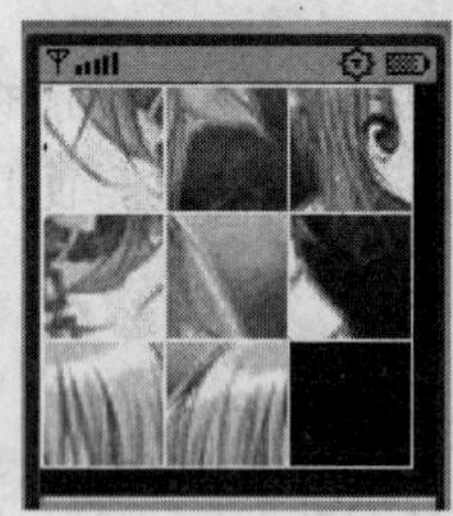

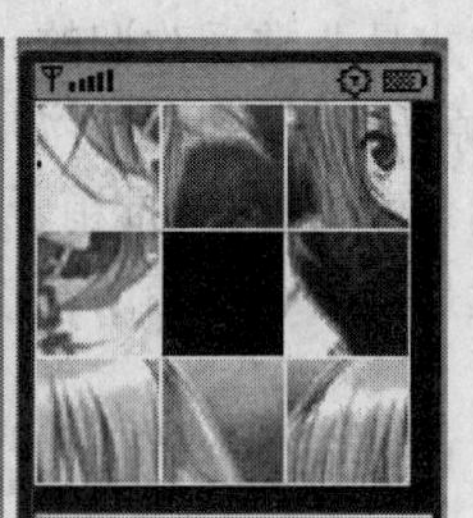

图 4-4　运行效果

三、资源文件的处理

制作本游戏之前，先准备一张像素为 120*120 大小的图片，并将该图片切割成 9 块像素为 40*40 的图块。可以把各个小图块编号为 0~8，并分别存为文件 pic0.png、pic1.png……pic8.png，如图 4-5 所示。

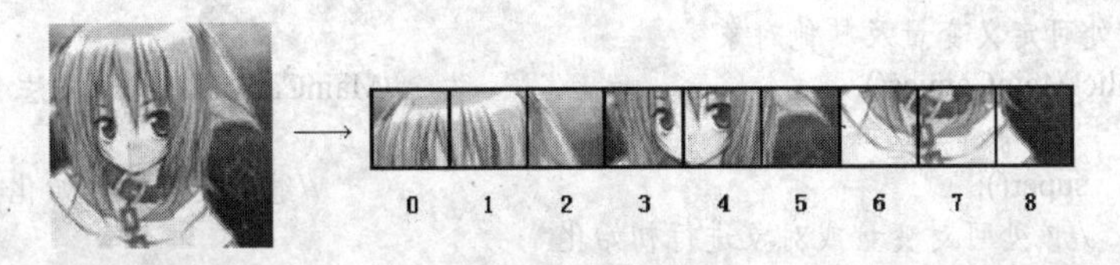

图 4-5 切分图片

需要注意的是，手机游戏中通常使用 PNG 格式的图片文件。

四、开发流程（步骤）

本例的开发分为 8 个流程：①掌握画布理论、②掌握显示图片的方法、③解决图片排列问题、④解决图片移动问题、⑤解决图片显示问题、⑥绘制程序流程图、⑦编写实例代码、⑧运行并发布产品，见图 4-6 所示。

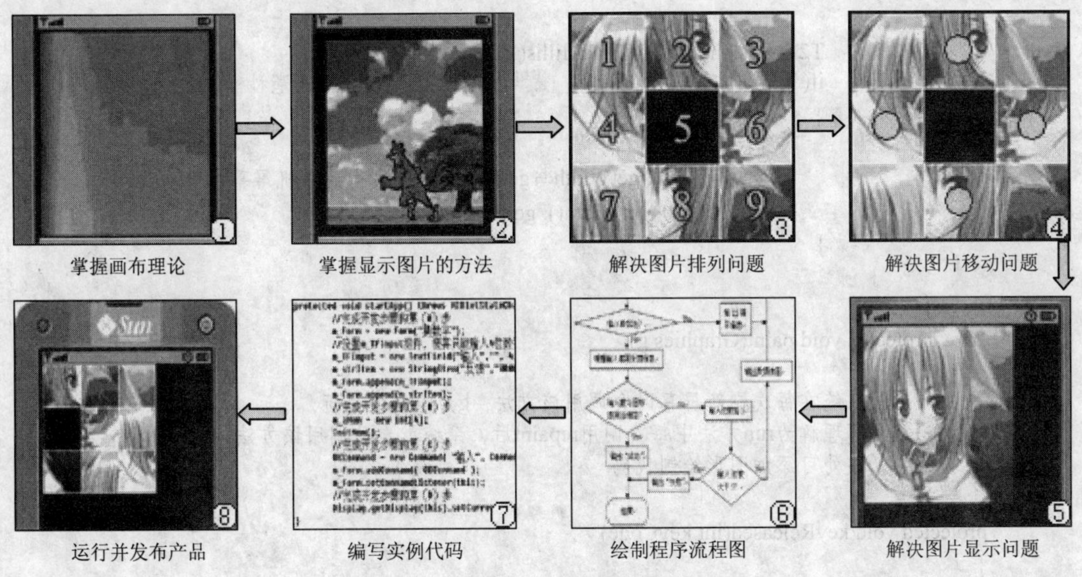

图 4-6 "拼图"游戏程序开发流程图

五、具体操作

流程 1 掌握画布理论

拼图游戏需要获取玩家的按键信息，还要在手机屏幕上显示图片。实现这些功能，需要掌握 J2ME 中关于画布与图像显示的基础知识。

MIDP1.0 中提供了一个 Canvas 类，字面意思就是画布，可以把该类看作是图片或动画显示的目的地。

前面章节已经讲解了 MIDlet 程序框架，但它对游戏编程的支持还远远不够。Canvas 类则为手机游戏开发者搭建更为便利的程序框架提供了帮助。下面代码中的 MainCanvas 类就是一个基于画布类的程序框架，请结合注释进行理解。

```
import javax.microedition.lcdui.*;                //导入画布的支持类
public class MainCanvas extends Canvas implements Runnable
{
```

```
        //该处可定义变量及其他对象
        public MainCanvas()                         //MainCanvas的构造方法
        {
            super();                                    //继承父类的初始化
            //该处可对变量或对象进行初始化
            Thread thread = new Thread(this);       //新建线程，用于不断更新屏幕图像
            thread.start();                             //启动新线程
        }
        public void run()                           //继承Runnable所必须添加的接口
        {
            //新线程启动后，系统会自动调用此方法
            //获取系统当前时间，并将时间换算成以毫秒为单位的数
            long T1 = System.currentTimeMillis();
            long T2 = T1;
            while(true)
            {
                T2 = System.currentTimeMillis();
                if( T2 - T1 > 100 )                     //间隔100毫秒
                {
                    T1 = T2;
                    //重绘图形，getWidth与getHeight可分别得到手机屏幕的宽与高
                    repaint(0, 0, getWidth(), getHeight());
                }
            }
        }
        protected void paint(Graphics g)
        {
            //系统在每次刷新屏幕时会调用该方法，g为绘制的目标。
            //可理解为run方法中每次调用repaint后，系统就自动调用该方法
            //该处可添加图形绘制代码
        }
    protected void keyReleased(int keyCode)
    {
            //释放某键时系统会调用该方法，keyCode为所释放键的设备码
            //该处可添加释放键处理代码
        }
        protected void keyRepeated(int keyCode)
        {
            //连续按住某键时系统会调用该方法，keyCode为所按放键的设备码
            //该处可添加释连续按键处理代码
        }
    protected void keyPressed(int keyCode)
    {
            //按下某键时系统会调用该方法，keyCode为所按键的设备码
            //该处可添加按键处理代码
        }
    }
```

关于上面的框架代码，有如下几点需要说明：

（1）extends Canvas 表示前面的 MainCanvas 类是从 Canvas 类派生的。

（2）关键字 Implements 用于实现接口多继承，Java 不支持类的多继承，只能实现接口的

多继承。即通过关键字 implements 使 MainCanvas 类继承 Runnable 类的某些接口。

（3）Runnable 类用于产生和管理新线程，新线程被建立并启动后会自动调用 run()方法。run()方法中每隔 100 毫秒都会调用 repaint()方法，这样就可以不断地刷新屏幕图像，更新屏幕上的画面。

（4）keyPressed 方法用于响应用户的按键操作，参数 keyCode 为所按键的设备码。MIDP 定义了一组设备码来对应具体的按键，常见的设备码如表 4-1 所示。

表 4-1　常见的设备码

设备码	对应按键	设备码	对应按键	设备码	对应按键
KEY_NUM0	0 号键	KEY_NUM1	1 号键	KEY_NUM2	2 号键
KEY_NUM3	3 号键	KEY_NUM4	4 号键	KEY_NUM5	5 号键
KEY_NUM6	6 号键	KEY_NUM7	7 号键	KEY_NUM8	8 号键
KEY_NUM9	9 号键	KEY_STAR	* 键	KEY_POUND	# 键

通常，处理按键的响应，只需在 keyPressed 方法中填写类似下面的代码：

```
protected void keyPressed(int keyCode)
{
        switch ( keyCode )
        {
            case   Canvas.  KEY_NUM0:
                    …… //0号键被按下，此处添加处理代码
                break;
                ……
        }
}
```

（5）run()方法中每次调用 repaint()后，系统会自动调用 paint()方法，可在 paint()方法中添加图形显示的代码。参数 g 为 Graphics 类的对象，它实际上直接对应着手机的屏幕。Graphics 类相当于绘图的画板，是图像显示的目的地，可以看作是简单 2D 图形渲染的容器。

（6）在 Canvas 框架中，新线程被启动后会自动调用 run()方法，并在该方法内循环调用 repaint()方法，repaint()方法可向系统发出刷新屏幕的请求。当 Java 虚拟机发现某键被按下或收到刷新屏幕的请求时就会分别调用 keyPressed()或 paint()方法，如图 4-7 所示。图中 JVM 是 Java 虚拟机（Java Virtual Machine）的缩写，是执行 Java 程序的虚拟机构。

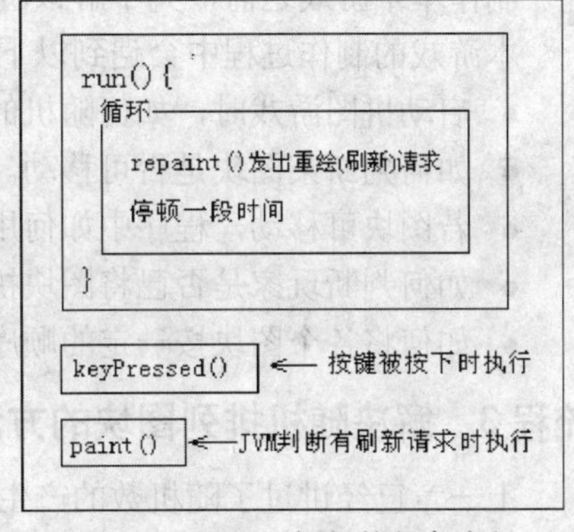

图 4-7　Canvas 框架的程序流程

流程 2　直接显示图片的方法

MIDP1.0 提供了 Image 类，该类用于读取图片并可将图片显示到屏幕上。使用 Image 类读取并显示图片的过程如下：

（1）定义一个 Image 类的引用。

```
Image mImg;
```

（2）读取图片文件。

```
mImg = Image.createImage( string str );
```

上面代码中，参数 str 用于存放图片文件名，如：str = "Pic1.png";

（3）显示图片

调用与设备相关的 Graphics 类的 drawImage 方法，可将图形显示到手机屏幕上。drawImage 方法的定义如下所述：

```
public void drawImage (Image img, int x, int y, int anchor);
```

功能：将参数 img 所指定的图像绘制到 Graphics 中，并将 img 中由 anchor 所指定的位置对应到屏幕坐标系的（x,y）位置上。

参数： img ………………Image 类的实例，用于保存指定图像的信息。

x ………………… anchor 点对应的 X 坐标；

y ………………… anchor 点对应的 Y 坐标；

anchor ……………img 中的指定点，anchor 常取如下值：

TOP|LEFT—左上角； TOP|HCENTER—上边中心点；

TOP|RIGHT—右上角； BOTTOM|LEFT—左下角；

BOTTOM|HCENTER 下边中心点； BOTTOM|RIGHT—右下角；

除用到 drawImage 方法外，调用 Graphics 类的 drawLine 方法，还可以在手机屏幕上画线，该方法定义如下：

```
public void drawLine ( int x1,   int y1,   int x2,   int y2 )
```

功能：连结(x1, y1)与(x2, y2)两点画线

专业指点：

制作本章游戏之前，先了解该游戏的制作难点及解决各个难点的方法。

本游戏的制作过程中会遇到以下几个难点：

- 启动拼图游戏时，如何随机的排列图块。
- 如何判断某图块是否可移动。
- 若图块可移动，程序中如何用实现图块移动的操作。
- 如何判断玩家是否已将图块拼接成指定的图形。
- 如何将各个图块按一定的顺序，显示到手机屏幕指定的位置。

流程 3　解决随机排列图块的方法

上一章已经讲过了随机数的产生方法，这里给出图块随机排列的算法，请参照注释来理解：

```
public void InitCurrent()
{
        Random random = new Random();
        //先将图块按初始顺序排列
        m_anCur = new int[][] { {0,1,2}, {3,4,5}, {6,7,8} };
        int Rx, Ry, k, nTemp;
```

```
        //两重循环（共循环9次），使得每个位置都进行一次随机交换
        for( int x = 0; x < 3; x ++ )
        {
            for( int y = 0; y < 3; y ++ )
            {
                //随机产生新位置(Rx, Ry)
                k = random.nextInt();
                Rx = Math.abs(k % 3);
                k = random.nextInt();
                Ry = Math.abs(k % 3);
                //若新位置与本位置不同，则交换图块序号
                if( Rx != x || Ry != y )
                {
                    nTemp = m_anCur[y][x];
                    m_anCur[y][x] = m_anCur[Ry][Rx];
                    m_anCur[Ry][Rx] = nTemp;
                }
            }
        }
    }
```

流程 4　判断图块是否可移动的方法

判断某图块是否可移动的方法是：如果输入位置的上下左右四个新位置含有空图块，则可以移动，即判断（m_nHidX，m_nHidY）是否在这四个位置上。具体代码如下所述：

```
    //输入：nX，nY记录要移动的图片位置
    //返回true表示可以移动，false则不可移动
    private boolean CheckMove( int nX, int nY )
    {
        //先判断nX与nY是否合法
        if ( nX < 0 || nX >= 3 || nY < 0 || nY >= 3 )
            return false;
        //如果用户试图移动空图块，直接返回false
        if (m_nHidX==nX && m_nHidY==nY)
            return false;
        //用4个if语句来判断是否可以移动
        if ( nX > 0 && nX - 1 == m_nHidX && nY == m_nHidY )
            return true;
        if ( nX < 2 && nX + 1 == m_nHidX && nY == m_'nHidY )
            return true;
        if ( nY > 0 && nY - 1 == m_nHidY && nX == m_nHidX )
            return true;
        if ( nY < 2 && nY + 1 == m_nHidY && nX == m_nHidX )
            return true;
        return false;
    }
```

移动图块只需交换编号，具体代码如下所述：

```
    private void sweep( int x,    int y )
    {
        //检测是否可移动
        if( !CheckMove( x, y ) )
```

```
            return;
        //交换编号
        int temp = m_anCur[y][x];                    //注意是[y][x]
        m_anCur[y][x] = m_anCur[m_nHidY][m_nHidX];
        m_anCur[m_nHidY][m_nHidX] = temp;
        m_nHidX = x;
        m_nHidY = y;
    }
```

若拼图完成，m_anCur 中编号顺序一定是{ {0, 1, 2}, {3, 4, 5}, {6, 7, 8} }，所以只需判断 m_anCur 中的编号即可。具体代码如下所述：

```
//返回：true表示已将图块拼成指定的图形，false表示尚未拼成指定的图形
    private boolean isFinish()
    {
        for( int x = 0; x < 3; x++ )
        {
            for( int y = 0; y < 3; y++ )
            {
                //如果m_anCur[y][x]不等于它所对应的编号，就说明还没拼好
                if( m_anCur[y][x] != y * 3 + x  )
                    return false;
            }
        }
        return true;
    }
```

流程 5　解决显示 9 个图块的方法

我们先不考虑手机屏幕尺寸的差异，只需从屏幕左上角开始，用两重循环语句，将 9 块小图按照 m_anCur 数组记录的顺序，依次画出。下面代码中所定义的 drawPictures 函数用于在手机屏幕中显示 9 块小图，请参照注释理解以下代码：

```
        private void drawPictures( Graphics g)
        {
            int nImg = 0;                              //定义临时变量，暂存图片的编号
            //两重循环，画9个图块
            for( int x = 0; x < 3; x++ )
            {
                for( int y = 0; y < 3; y++ )
                {
                    if( x == m_nHidX && y == m_nHidY )       //空图块不画
                        continue;
                    nImg = m_anCur[y][x];
                    if( nImg >= 0 && nImg < 9 )
                    {
                        if( m_aImg[nImg] != null )
                        {
                            //画图块，将每个图块的左上角作为指定点，
                            //关于drawImage的使用方法，可参考本书第6章的讲解
                            g.drawImage( m_aImg[nImg],
                                    x * 40,    y * 40, Graphics.LEFT|Graphics.TOP);
```

```
                    }
                }
            }
        }
        //设置当前色为白色
        g.setColor(0xffffff);
        //接着画白色线框，将9块图分割开。
        for(int i = 0; i <= 3; i++)
        {
            g.drawLine( 0, i*40, 3*40, i*40);
            g.drawLine( i*40, 0, i*40, 3*40);
        }
    }
```

流程 6　绘制程序流程图

难点问题逐一解决之后，则可以正式开始制作游戏。与上一章游戏的制作过程相同，首先仍然需要绘制程序流程图，以下是本章游戏的程序流程图。

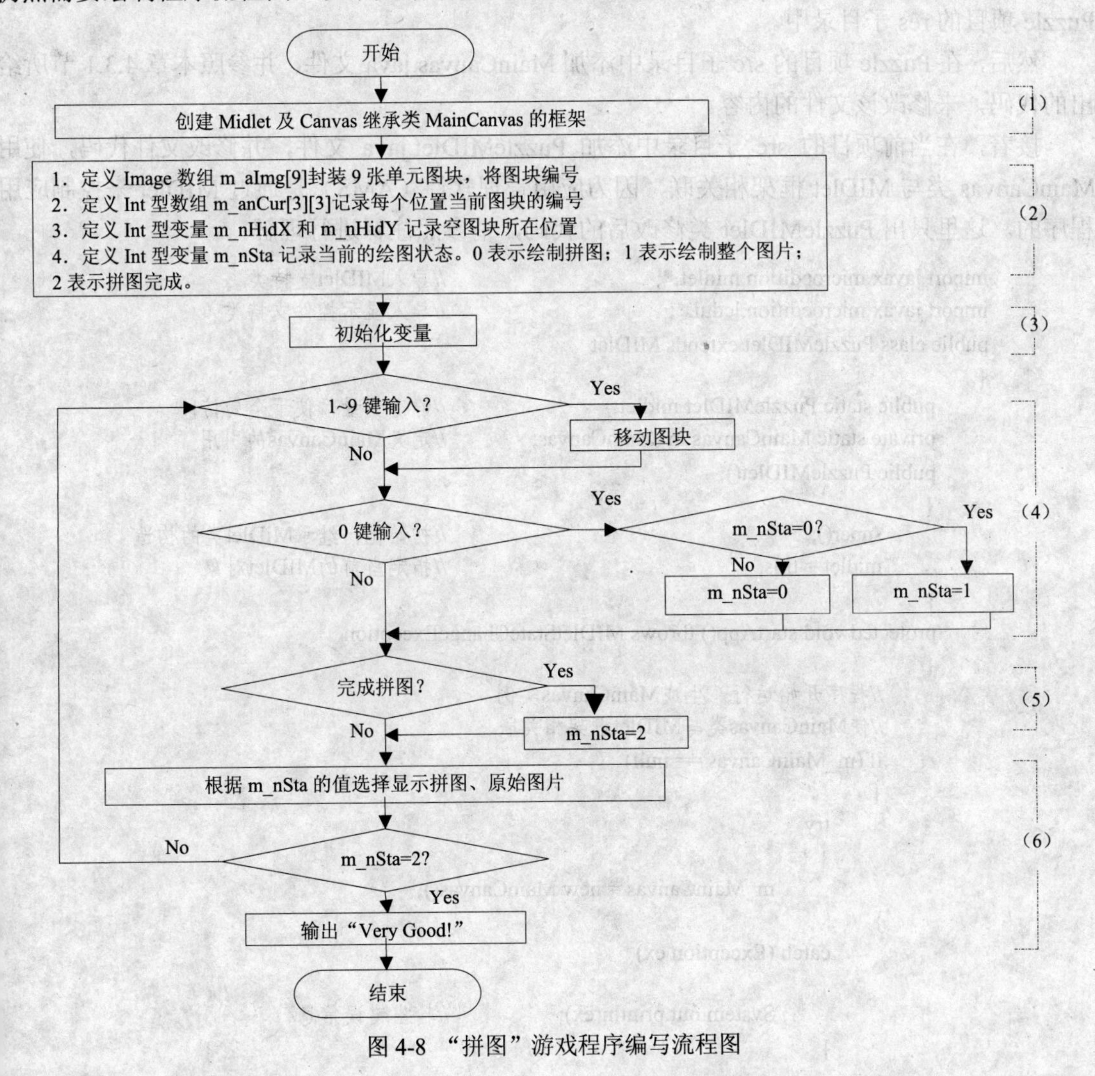

图 4-8　“拼图”游戏程序编写流程图

程序流程图中的虚线部分将流程图分块，以便与具体的操作步骤相对应。根据程序流程图，可确定本游戏的开发步骤。创建本实例的 MIDlet 框架后，其它具体步骤如下所述：

（A）创建程序框架，实现程序流程图的（1）部分。

（B）定义相关数组及变量，实现程序流程图的（2）部分。

（C）给变量及数组分配初始值，实现程序流程图的（3）部分。

（D）在框架的 keyPressed 接口中处理用户的按键输入，实现程序流程图的（4）部分。

（E）在框架的 keyPressed 接口中判断拼图是否完成，实现程序流程图的（5）部分。

（F）在框架的 paint 接口中显示相应图片或文字，实现程序流程图的（6）部分。

流程 7　编写实例代码

编写代码，通常先搭建一个程序的框架，这样思路会很清晰。本节将先搭建一个基于画布类的程序框架，然后再逐步完善所有的代码。

参照第 3 章所述方法，利用 WTK 创建 Puzzle 项目，设置项目的 MIDlet 名称为 PuzzleMIDlet，并将拼图游戏的资源文件（4.2.3 节所提到的 pic0.png、pic1.png……pic8.png 等文件）存放到 Puzzle 项目的 res 子目录中。

然后，在 Puzzle 项目的 src 子目录中添加 MainCanvas.java 文件，并参照本章 4.3.1 节所给出的代码，来修改该文件的内容。

接着，在当前项目的 src 子目录中添加 PuzzleMIDlet.java 文件，并修改文件代码，使用 MainCanvas 类与 MIDlet 框架相关联，因为应用管理软件（AMS）是通过 MIDlet 来控制应用程序的。这里只出 PuzzleMIDlet 类修改后的代码，请参照注释进行理解：

```
import javax.microedition.midlet.*;                    //导入MIDlet支持类
import javax.microedition.lcdui.*;                     //导入显示控件支持类
public class PuzzleMIDlet extends MIDlet
{
    public static PuzzleMIDlet midlet;                 //静态变量，便于全局访问
    private static MainCanvas m_MainCanvas;            //定义MainCanvas的引用
    public PuzzleMIDlet()
    {
        super();                                       //初始化，继承MiDlet类的构造
        midlet = this;                                 //指定当前的MIDlet对象
    }
    protected void startApp() throws MIDletStateChangeException
    {
        //程序开始运行，生成MainCanvas实例
        //使MainCanvas类与MIDlet框架相关联
        if (m_MainCanvas == null)
        {
            try
            {
                m_MainCanvas = new MainCanvas();
            }
            catch (Exception ex)
            {
                System.out.println(ex);                //输出错误信息
            }
```

```
        }
        //设m_MainCanvas为屏幕的当前画布
        Display.getDisplay(this).setCurrent(m_MainCanvas);
    }
    protected void pauseApp() {                    //由来电或其他原因使程序暂停
    }
    protected void destroyApp(boolean arg0) throws MIDletStateChangeException {
    }
}
```

至此，程序的框架已经搭建好了，同时也完成了开发步骤的第（A）步。上面的这段代码可用作通用的程序框架，对于不同的游戏，只需在 MainCanvas 类的各个接口中添加具体的代码即可。

最后，在 MainCanvas 类的各个接口中添加具体的功能代码。修改后的 MainCanvas 类代码如下所述，请参照注释进行理解。

```
import java.util.*;                                //导入与随机数支持类
import javax.microedition.lcdui.*;                 //导入显示支持类
public class MainCanvas extends Canvas implements Runnable
{
    //完成开发步骤的第（B）步
    //定义Image数组m_aImg[9]封装9张单元图块，将图块编号
    public Image m_aImg[];
    //定义Int型数组m_anCur[3][3]记录每个位置当前图块的编号
    public int m_anCur[][];
    //定义Int型变量m_nHidX和m_nHidY记录空图块所在位置
    public int m_nHidX, m_nHidY;
    //定义Int型变量m_nSta记录当前的绘图状态
    public int m_nSta;
    public MainCanvas()
    {
        try
        {
            //完成开发步骤的第（C）步
            //启动时，将右下脚的图块设为空图块
            m_nHidX = 2; m_nHidY = 2;
            m_nSta = 0;
            InitCurrent();
            m_aImg = new Image[9];
            StringBuffer temp = null;
            for( int i = 0; i < 9; i ++ )
            {
                //用StringBuffer类拼出图块文件的文件名，
                //append方法可在StringBuffer原有字符的后面添加新字符。
                temp=new StringBuffer();
                temp.append("/pic");
                temp.append(i);                    //可直接添加Int类型
                temp.append(".png");
                //若i=1，此时temp.toString()返回的值就为"/pic1.png"，可见
                //temp.toString()的值正是图块文件名
                //用Image类型去读取并封装图块。
```

```
                m_aImg[i] = Image.createImage(temp.toString());
                temp = null;
            }
        }
        catch (Exception ex)
        {                                          //暂不做出错处理
        }
        Thread thread = new Thread(this);          //新建线程，用于不断更新绘图
        thread.start();
    }
    public void run()                              //继承Runnable所必须添加的接口
    {
        //新线程启动后，系统会自动调用此方法
        //获取系统当前时间，并将时间换算成以毫秒为单位的数
        long T1 = System.currentTimeMillis();
        long T2 = T1;
        while(true){
            T2 = System.currentTimeMillis();
            if( T2 - T1 > 100 )
            {                                      //间隔100毫秒
                T1 = T2;
                //重绘图形，getWidth与getHeight可分别得到手机屏幕的宽与高
                repaint(0, 0, getWidth(), getHeight());
            }
        }
    }
    protected void keyPressed(int keyCode)
    {
        if( m_nSta == 2 )                          //如果拼图完成，则不允许输入
            return;
        //完成开发步骤的第（D）步
        switch(keyCode)                            //按键的处理
        {
        case KEY_NUM1:                             //1号键对应的值
        sweep( 0, 0 );
            break;
        case KEY_NUM2:                             //2号键
            sweep( 1, 0 );
            break;
        case KEY_NUM3:                             //3号键
            sweep( 2, 0 );
            break;
        case KEY_NUM4:                             //4号键
        sweep( 0, 1 );
            break;
        case KEY_NUM5:                             //5号键
        sweep( 1, 1 );
            break;
        case KEY_NUM6:                             //6号键
        sweep( 2, 1 );
            break;
```

```
        case KEY_NUM7:                              //7号键
          sweep( 0, 2 );
            break;
          case KEY_NUM8:                            //8号键
          sweep( 1, 2 );
            break;
        case KEY_NUM9:                              //9号键
          sweep( 2, 2 );
            break;
          case KEY_NUM0:                  //0号键按下，显示原始图片，或退回到拼图状态
              if( m_nSta == 0 )
                    m_nSta = 1;
          else
              m_nSta = 0;
              break;
          }
          //完成开发步骤的第（E）步
          if( isFinish() )                          //若拼图完成，则m_nSta <- 2
              m_nSta = 2;
    }
    protected void paint(Graphics g)
    {
        //完成开发步骤的第（F）步
          g.setColor(0);                            //设置当前色为黑色
          g.fillRect( 0, 0, getWidth(), getHeight() );   //用当前色填充整个屏幕
          switch( m_nSta )
          {
          case 0:                                   //状态为0则绘制拼图
              drawPictures( g );                    //绘制9块小图
              break;
          case 1:
              //状态为1，则绘制全部图象，绘图方法与绘制拼图基本相同，
              //只需注意图块的顺序，且不需要绘制分割线。
              int nImg = 0;                         //定义临时变量，暂存图片的编号
              for( int x = 0; x < 3; x++ )
              {
                    for( int y = 0; y < 3; y++ )
                    {
                          nImg = y * 3 + x;
                          if( m_aImg[nImg] != null )
                                g.drawImage( m_aImg[nImg], x * 40,
                                y * 40, Graphics.LEFT|Graphics.TOP);
                    }
              }
          break;
          case 2:
         default:
            //状态为2，拼图完成，输出Very Good，文字的左上角在(10,45)位置
             g.drawString( "Very Good!", 10, 45, Graphics.LEFT|Graphics.TOP );
           break;
          }
    }
```

```
    public void InitCurrent(){
        ……，此处代码略，与本章实例制作“流程三”中所给出的同名函数代码相同
    }
    private boolean CheckMove( int nX, int nY ){
        ……，此处代码略，与本章实例制作“流程四”中所给出的同名函数代码相同
    }
    private void sweep(int x, int y){
        ……，此处代码略，与本章实例制作“流程四”中所给出的同名函数代码相同
    }
    public boolean isFinish() {
        ……，此处代码略，与本章实例制作“流程四”中所给出的同名函数代码相同
    }
    private void drawPictures( Graphics g ){
        ……，此处代码略，与本章实例制作“流程五”中节所给出的同名函数代码相同
    }
}
```

流程 8　运行并发布产品

完成代码修改并保存文件后，通过 WTK 来运行 Puzzle 项目，在“MideaControlSkin”模拟器中的运行效果如图 4-4 所示。

本章小结

益智游戏的英文名是 Puzzle Game，简称为 PUZ 游戏。益智游戏是指：需要开动脑筋才能完成任务的游戏。

Canvas 类，字面意思就是画布，可以把该类看作是动画或图片显示的目的地。

拼图游戏的游戏规则是比较简单的，算法也不是很复杂，但它绝对是练习图形游戏的典型代表。在本例中，可采用 Image 类直接显示图片；可将一张像素为 120*120 大小的图片，切割成 9 块像素为 40*40 的图块。在程序中，用一个 Image 类的数组来存放各个图块的信息。

编写代码，通常先搭建一个程序的框架，这样思路会很清晰。图形游戏的制作中，常常先建立一个基于 Canvas 类的游戏程序框架，然后再向框架中填写需要的代码。

思考与练习

1. 请说出益智游戏的英文名及定义。
2. 益智游戏具有哪些特点？可分为哪些种类？
3. Image 类直接绘图分为哪几步？写出这些步骤的关键代码。
4. 请说出本章游戏使用了哪些资源图片，以及对各个图片的具体要求。
5. 说出本章游戏的程序流程图中使用了哪些基本的程序结构。
6. 画布框架代码中 keyPressed 接口与 keyRepeated 接口的使用有什么区别？
7. 程序框架 MainCanvas 类的各个接口的功能是什么？这些接口何时被系统调用？
8. 本章对按键的处理是：每次按键进入 keyPressed 函数后，都判断是否拼图完成，这样会浪费系统资源。请改写代码，使程序只在移动了图块后才做拼图完成的判断。

第五章　开发体育游戏

本章内容提要

本章由4节组成。首先介绍体育游戏的特点、分类、用户群体、开发要求、发展史。然后通过实例《动物赛跑》细致讲解了其操作规则、运行效果、前期处理和8个流程中的具体步骤。最后是小结和作业安排。

本章学习重点

- 体育游戏特点
- 《动物赛跑》制作的基础知识和流程

本章教学环境：计算机实验室

学时建议：7小时（其中讲授2小时，实验5小时）

竞技体育的魅力在于比赛的不可预测性，充满悬念、神秘、期望与激情的比赛，常常会带给人们意外的惊喜与震撼。

第一节　概述

关键点：①特点、②分类、③用户群体、④开发要求、⑤发展史。

体育运动游戏的英文名称是Sport Game，简称SPG。顾名思义，体育游戏是以体育运动为题材的游戏，例如：篮球、足球、赛车等。

一、体育游戏的特点

体育游戏大多具有以下特点：

1. 公平公正

体育竞技游戏是建立在公正、公平的游戏平台上，这就需要游戏设计者合理地制定比赛规则，使参赛各方的优势与劣势基本平衡，以确保比赛的顺利进行。

2. 计算量大

体育游戏的竞技性很强，通常为双人或多人的对战游戏，而且实时计算量较大，对CPU的性能要求比较高。例如足球游戏中，系统要实时计算足球的物理运动轨迹，而且同一时刻玩家只能控制单个运动员，其他运动员都需要系统进行智能控制。

3. 操作复杂

体育游戏的操作也比较复杂，因为实际运动员的动作丰富，而键盘的数量有限，所以必须使用组合键来对应各种动作。

此外，体育游戏的操作还要具有一定的技巧性。经过一定的重复训练后，玩家在游戏中的恰当时间内进行规律性地操作，可以实现高级的竞技动作或战术。

4. 游戏时间较短

体育游戏的游戏时间可能很短暂，玩家在短时间内进行各种激烈的对抗和比赛。

5. 对玩家的能力进行评价

体育游戏在竞技过后，往往需要对玩家的操作进行评分，从各个角度来评价玩家的能力，例如，体育游戏可通过排行榜来评价玩家的思维能力、反应能力、协调能力、团队精神和毅力等等。

二、体育游戏的分类

按照游戏的内容，体育游戏可分为：球类、赛车类、田径类、水上项目类、体操类、极限运动类等等。按照游戏的竞技方向，体育游戏又可分为如下几类：

1. 操作竞技

这类游戏主要检验玩家的操作熟练度，玩家需要进行一段时间的训练才能掌握游戏的要领。

2. 反应竞技

这类游戏主要考验玩家的大脑反应能力及各种器官的配合能力，手疾眼快的玩家才能在竞技比赛中获得胜利。

3. 战术竞技

这类游戏将考验玩家的思维能力，玩家需要对竞技现场的形式进行判断，安排合理的战术，才能战胜竞争对手。

4. 耐力竞技

这类游戏将考验玩家的体力极限，玩家需要进行较长时间的重复、快速地操作。如果没有体力的保障，玩家将不可能完成比赛。

三、体育游戏的用户群体

体育游戏的用户群往往具有以下特点：

1. 都是体育爱好者，但没有太多机会去从事真正的体育运动。
2. 喜欢与同伴比赛。
3. 大多是男性，而且多为年轻人。
4. 接触游戏的时间比较长，已经很熟悉各种游戏操作。

四、体育游戏的开发要求

体育游戏的操作方法虽然没有固定的要求，但基本都是按照惯例模式设计的，这使得每款新的体育游戏出现后，有经验的玩家可以很快地入门。

体育游戏对CPU的性能要求比较高，所以制作大型体育游戏时，程序的算法要精益求精，在保证游戏功能的前提下，将程序对CPU的依赖度降到最低。

另外，制作单机版的体育游戏，需要在程序中利用各种人工智能算法，来控制与玩家同场竞技的其他运动员。

五、体育游戏的发展史

随着电视台转播水平的提高，各种各样的体育节目都呈现在体育爱好者的面前。喜欢体育比赛的朋友都很想亲身参予其中的运动。但由于城市内场地的限制，加上日益繁重的工作，人们很难像运动员一样驰骋在赛场上。在这样的背景下，体育类游戏——虚幻的竞技场所出现了。

说起体育游戏就不得不提起美国 EA 公司，该公司在足球、篮球、赛车、滑雪等许多体育项目上开发了很多经典的大作。而且作品年年更新、年年热卖。

1.《One on One》

EA 公司于 1983 年推出的一款作品《One on One》，虽然游戏的关键系统和操作方法还是一团糟，但它却建立了体育游戏的基本模式：实名制，赛季信息的更新，场地中的物体和玩家有互动，有慢动作的回放机制。EA 庞大的体育游戏帝国也从此开始构建。

2.《Outrun》

1986 年，以阳光、沙滩、法拉利跑车为卖点的体育游戏——《Outrun》，成为现代赛车游戏的奠基者。《Outrun》并不是最早的赛车游戏，但它却是第一次建立了完善的现代赛车游戏体系：有追尾视角的功能，3D 画面强大，不同路面对赛车有一定影响，赛车行驶时游戏画面有速度感。这些要素成为日后判断每款赛车游戏好坏的重要指标。

3.《实况足球》

1996 年，Konami 公司开始发布《实况足球》系列产品，《实况足球》凭借着其卓越的操作性能以及超高的实战仿真程度，受到无数足球游戏迷的追捧，《实况足球》也成为世界上唯一能与 EA 竞争的体育游戏品牌。

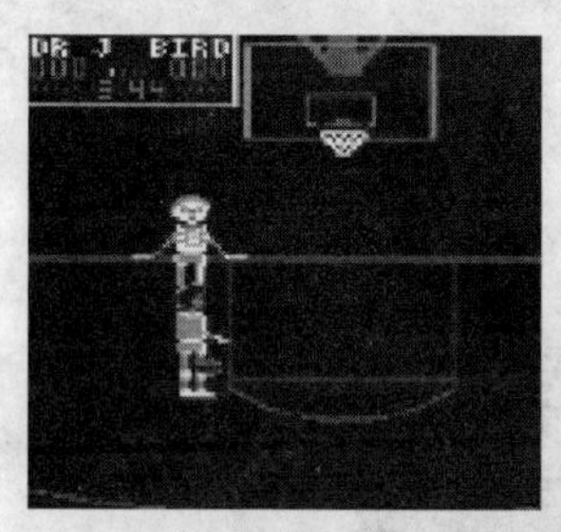

《One on One》

《Outrun》

《实况足球》

《劲爆超级滑板》

《劲舞团》

图 5-1 体育游戏代表

4.《Tony Hawk's Pro Skater（劲爆超级滑板）》

随着时代的进步及生活水平的提高，越来越多的人开始从事极限运动，例如登山、飘流、滑板等等。《Tony Hawk's Pro Skater（劲爆超级滑板）》是极限体育游戏的代表作，与正统体育完全不同，极限运动追求刺激、爽快和时代潮流。

5.《劲舞团》

近些年，单机版的体育游戏则在仿真度上不断提高，对硬件要求也越来越高。与此同时，，网络体育游戏也开始出现，《劲舞团》等游戏就是开辟了体育游戏的网络先河。

由于运动类游戏是老少皆宜的游戏，所以体育游戏的市场前景是非常广阔的。

第二节　《动物赛跑》体育游戏开发

关键点：①规则、②效果、③处理、④流程。

接下来讲解开发体育游戏《动物赛跑》的过程。

一、操作规则

《动物赛跑》游戏的规则是：进入游戏后，手机屏幕上将显示田竟场画面，场地跑道上一匹小马、一只小鸡和一只小狗在进行赛跑；其中，小马与小狗由系统自动控制，而小鸡由玩家控制；玩家每次按下键盘的 1 号键，小鸡都会向前跑一步；如果小鸡最先跑道终点，则游戏胜利，否则游戏失败。

各种手机的屏幕大小不同，当屏幕过大时，如果游戏图像仍然显示在屏幕中心，将会提高游戏的适应性。所以，本游戏还将图像固定在屏幕中心。

二、实例效果

本例的运行效果见图图 5-2。

图 5-2　运行效果

三、资源文件的处理

制作本游戏之前，需要先准备几张图片：一张游戏背景图（命名为 back.png）、小马、小狗、小鸡的奔跑图片（分别命名为 horse.png、dog.png、cock.png）。各图片的像素大小如图 5-3 所示。

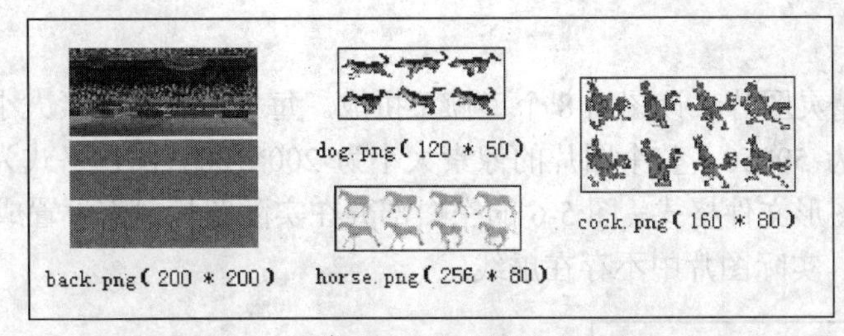

图 5-3　资源图片

四、开发流程（步骤）

本例的开发分为 8 个流程：①掌握精灵动画原理、②掌握精灵动画原理、③播放精灵动画、④使动物自动奔跑、⑤解决屏幕适应难题、⑥绘制程序流程图、⑦编写实例代码、⑧运行并发布产品，见图 5-4 所示。

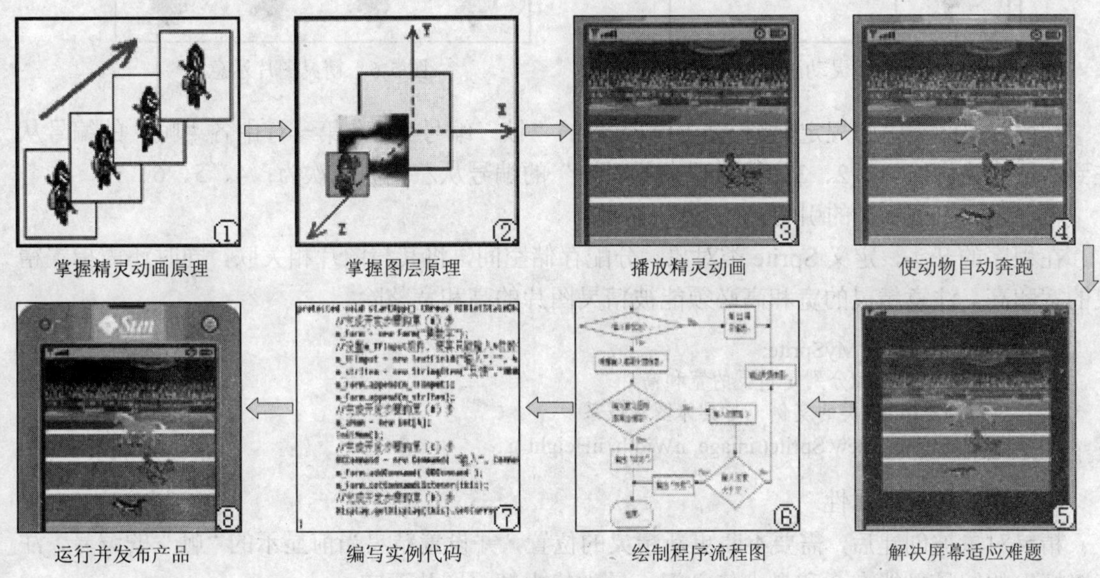

图 5-4　《动物赛跑》开发流程图

《动物赛跑》游戏需要在手机屏幕上显示动物的奔跑动画，同时动物与游戏背景还要具有层次感，即动物要显示在游戏背景的前面。实现以上功能，需要使用 J2ME 中定义的 Sprite（精灵）与 Layer（层）两个功能类。

五、具体操作

流程 1　掌握精灵动画原理

J2ME 中的 Sprite 类可以显示精灵动画。Sprite 的中文意思是精灵，在游戏中，它专门用来代表动画角色（如飞机，坦克，人物等等）。

精灵动画与动画片的原理相同，如果按图 5-5 所示的方法，按顺序连续地显示四幅图像，就可以产生人物向前走的动画效果。Sprite 概念中，将每幅图像都称为“帧”。Sprite 类要求所有“帧”的大小都一致，每“帧”的大小就是精灵的大小。

使用 Sprite 类生成动画的过程也很简单，具体的操作步骤如下所述：

（1）制作精灵图片

图 5-6 就是一张精灵图片，该图由 8 个“帧”拼成。每“帧”的像素大小为 50*50，也就是说精灵的像素大小为 50*50，整个图片的像素大小为 200*100。图片格式为 PNG 格式，这是 J2ME 唯一支持的图形文件格式。图 5-6 的空白部分在实际图片中需设置成透明，这里用虚线将各“帧”分割开，实际图片中不存在虚线。

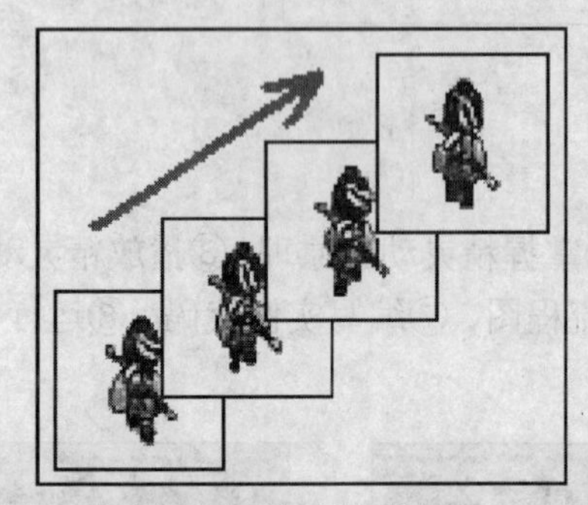

图 5-5　精灵动画原理

图 5-6　精灵图片示意

按照 Sprite 类中的规定，图 5-5 中左上角的“帧”编号为 0，第一行中各“帧”的编号从左到右依次为：0、1、2、3；第二行中各“帧”的编号从左到右依次为：4、5、6、7。

（2）定义 Sprite 类的引用

在程序的开头，定义 Sprite 类对象，分配存储空间，将其与图片相关联，同时还需指定精灵的宽和高。注意精灵的宽和高必须能被精灵图片的高和宽整除。

```
public Sprite m_MySprite;
//nWidth,nHeight分别是精灵的宽和高
//image是Image类的实例，与具体图片联系
m_MySprite = new Sprite( image, nWidth, nHeight );
```

（3）设置精灵的属性

精灵对象被创建后，需要不断更新精灵的位置，并设置精灵当前显示的“帧”的编号，注意“帧”的编号只能在 0 和最大值之间，最大值由精灵图片而定。

```
m_MySprite.setFrame( nNum );                    //nNum是帧编号
//设置后精灵左上角的坐标为（nPosX, nPosY）
m_MySprite.setPosition( nPosX , nPosY );
```

（4）显示精灵

最后，通过类似下面的代码，显示精灵的当前“帧”，就可以实现精灵动画。

```
m_MySprite.    paint(g);                        //g是Graphics类的引用
```

流程 2　掌握图层（Layer）原理

手机游戏通常为二维游戏，游戏中的动画一般为平面动画，不过平面动画也要能体现物体的远近层次。手机游戏中，使用分层的方法来表现物体与屏幕的远近关系。可以这样想象分层原理：动画内容中表现的虚拟空间可被分成若干个层，离屏幕较近的层的图像会覆盖较远的层的图像。如图 5-7 所示，可以把每个层想象成三维空间中的一个面，将各层按照一定的前后顺序排列好后，最后显示的图像就是沿 Z 轴的负方向看到的画面。

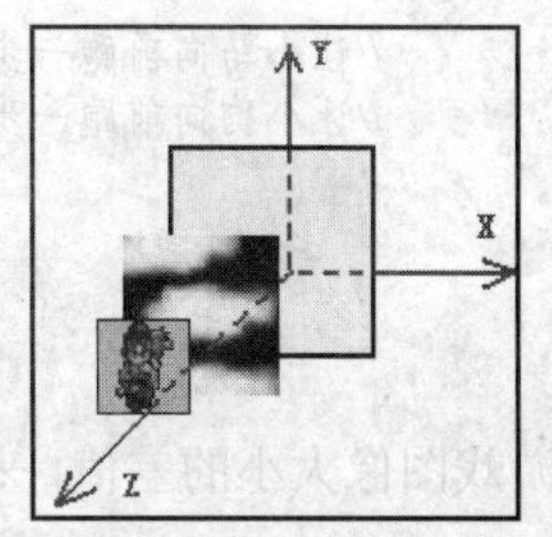

（a）将各图层平面垂直 Z 轴排列

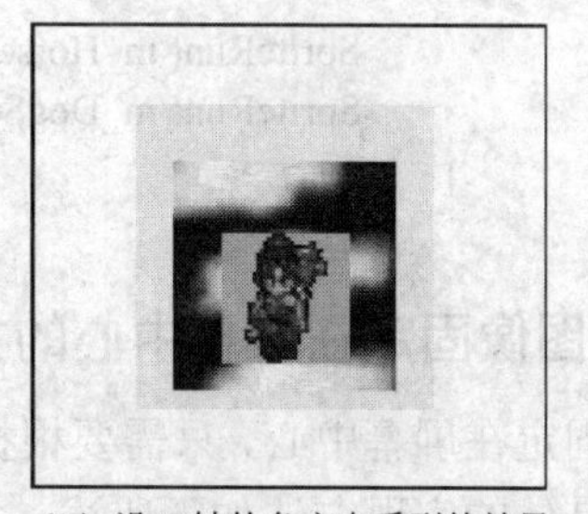

（b）沿 Z 轴的负方向看到的效果

图 5-7　图层原理

利用这个方法，在平面动画中，将图像分层，各层图像的运动变化可以不同，这样就使动画变得更真实，更有立体感。游戏过程中，后显示的图层将覆盖先前显示的图层，利用显示的先后顺序可以对游戏程序中的各图层进行管理。

J2ME 中有个 Layer 类，该类用来管理各个层。实际上，Sprite 类是 Layer 的派生类，也就是说，Sprite 是一种特殊的图层。

专业指点：在开发本游戏之前，先了解该游戏的制作难点及解决各个难点的方法。

本游戏的制作过程中会遇到以下几个难点：

1. 如何控制精灵动画的产生。
2. 如何让小马与小狗自动奔跑。
3. 各种手机屏幕大小不同，如何将图像固定在屏幕中心。

流程 3　产生精灵动画的方法

定义了各种动物的精灵对象后，每间隔一段时间就调用下面的函数，然后再显示精灵图像，就可以实现精灵动画。

```
//参数sp指定精灵对象，speed指定精灵的跑动速度
    private void SpriteRun( Sprite sp, int speed )
    {
        int n = sp.getFrame();                          //获得精灵的当前“帧”
        n++;                                            //更新“帧”编号
        if( n >= sp.getFrameSequenceLength() )          //判断n是否超过“帧”的最大值
            n = 0;
        sp.setFrame(n);                                 //更新精灵的当前“帧”
        int x = sp.getX() - speed;
        int y = sp.getY();
        sp.setPosition( x - 1, y );                     //更新精灵的当前位置
    }
```

流程 4　控制动物自动奔跑的方法

动物能够自动奔跑，是因为系统不断地对其属性进行更新处理。在本游戏的程序中，每间隔一段时间调用下面的函数，就可以动物的自动奔跑。

```
    private void Logic()
    {
        if( m_nState == 0 )             //判断当前的游戏状态，0表示正在进行游戏
        {
```

```
            SpriteRun( m_HorseSp, 1 );              //让小马向前跑一步
            SpriteRun( m_DogSp, 1 );                //让小狗向前跑一步
        }
    }
```

流程 5　将图像固定在屏幕中心的方法

将图像固定在屏幕中心，只需要根据手机屏幕与游戏图像大小的差值，来调整图像的显示位置即可。具体的实现方法如下所述：

```
    private void InitPosision()
    {
        int width = getWidth();                          //取得屏幕的宽度
        int height = getHeight();                        //取得屏幕的高度
        m_nX = (width  - 200) / 2;                       //计算背景图像的X轴位置
        m_nY = (height  - 200) / 2;                      //计算背景图像的Y轴位置
        int start = m_nX + 160;                          //计算动物的X轴初始位置
        m_HorseSp.setPosition( start, m_nY + 70 );       //设置小马的位置
        m_CockSp.setPosition( start, m_nY + 110 );       //设置小鸡的位置
        m_DogSp.setPosition( start, m_nY + 160 );        //设置小狗的位置
    }
```

流程 6　制作程序流程图

难点问题逐一解决之后，则可以正式开始制作游戏。与上一章游戏的制作过程相同，首先仍然需要绘制程序流程图，以下是本章游戏的程序流程图，见图 5-8。

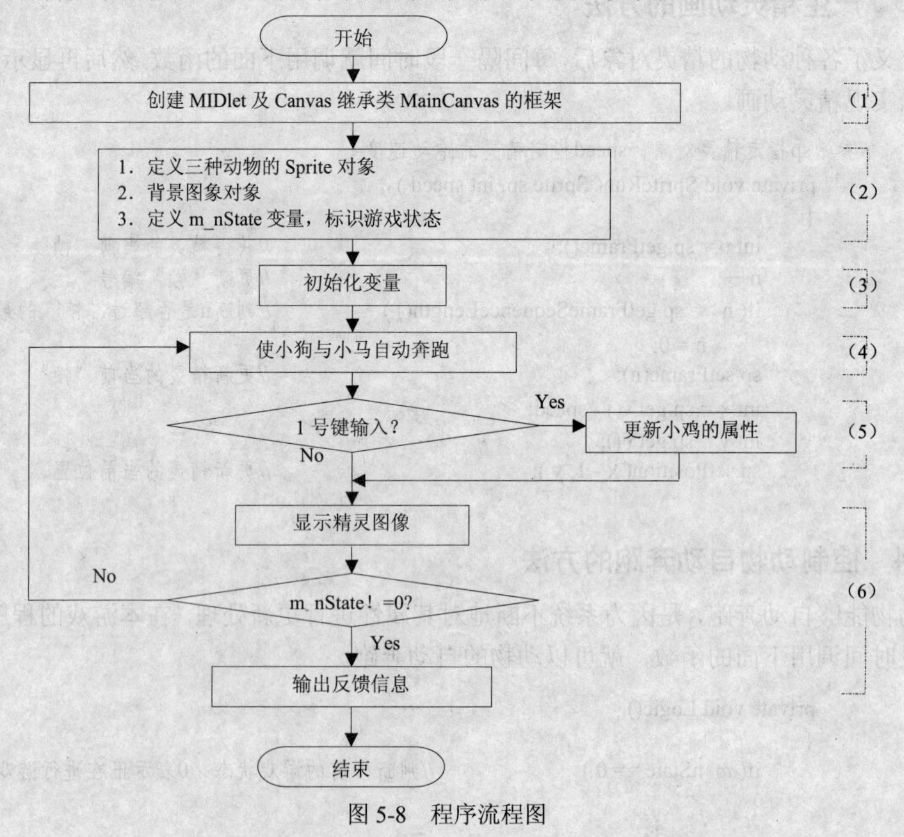

图 5-8　程序流程图

程序流程图中的虚线部分将流程图分块，以便与具体的操作步骤相对应。根据程序流程图，可确定本游戏的开发步骤。创建本实例的 MIDlet 框架后，其它具体步骤如下所述：

（A）创建程序框架，实现程序流程图的（1）部分；

（B）定义相关数组及变量，实现程序流程图的（2）部分；

（C）给变量及数组分配初始值，实现程序流程图的（3）部分；

（D）调用 Logic 函数，控制动物的自动奔跑，实现程序流程图的（4）部分；

（E）在框架的 keyPressed 接口中处理用户的按键输入，实现程序流程图的（5）部分；

（F）在框架的 paint 接口中显示相应图片或文字，实现程序流程图的（6）部分；

流程 7　编写本例代码

参照第 4 章所述方法，利用 WTK 创建 Race 项目，设置项目的 MIDlet 名称为 RaceMIDlet，并将游戏的资源文件存放到 Race 项目的 res 子目录中。

然后，在 Race 项目的 src 子目录中添加 MainCanvas.java 文件，并参照第 4 章的方法来创建本游戏的程序框架，完成开发流程的第（A）步。

最后，在 MainCanvas 类的各个接口中添加具体的功能代码。修改后的 MainCanvas 类代码如下所述，请参照注释进行理解。

```
import java.util.*;                                         //导入与随机数支持类
import javax.microedition.lcdui.*;                          //导入显示支持类
import javax.microedition.lcdui.game.*;
public class MainCanvas extends Canvas implements Runnable
{
    //完成开发步骤的第（B）步
    public int m_nX;                                        //背景的显示位置
    public int m_nY;
    public Image m_BackImg;                                 //背景图像
    public Sprite m_HorseSp;                                //小马精灵对象
    public Sprite m_CockSp;                                 //小鸡精灵对象
    public Sprite m_DogSp;                                  //小狗精灵对象
    public int m_nState;                                    //存储游戏状态
    public MainCanvas()
    {
        try
        {
            //完成开发步骤的第（C）步
            //读取背景图像
            m_BackImg = Image.createImage("/back.png");
            //创建小马精灵
            Image image = Image.createImage("/horse.png");
            m_HorseSp = new Sprite( image, 64, 40 );
            //创建小鸡精灵
            image = Image.createImage("/cock.png");
            m_CockSp = new Sprite( image, 40, 40 );
            //创建小狗精灵
            image = Image.createImage("/dog.png");
            m_DogSp = new Sprite( image, 40, 25 );
            InitPosision();
        }
```

```
        catch (Exception ex)
        {                                                   //暂不做出错处理
        }
        Thread thread = new Thread(this);                   //新建线程，用于不断更新绘图
        thread.start();
    }
    public void run()                                       //继承Runnable所必须添加的接口
    {
        //新线程启动后，系统会自动调用此方法
        //获取系统当前时间，并将时间换算成以毫秒为单位的数
        long T1 = System.currentTimeMillis();
        long T2 = T1;
        while(true)
        {
            T2 = System.currentTimeMillis();
            if( T2 - T1 > 100 )                             //间隔100毫秒
            {
                T1 = T2;
                //完成开发步骤的第（D）步
                Logic();                                    //不断调用Logic函数
                //重绘图形，getWidth与getHeight可分别得到手机屏幕的宽与高
                repaint(0, 0, getWidth(), getHeight());
            }
        }
    }
    protected void keyPressed(int keyCode)
    {
        if( m_nState != 0 )
            return;
        //完成开发步骤的第（E）步
        if( keyCode == Canvas.KEY_NUM1 )
            SpriteRun( m_CockSp, 2 );                       //按1号键后，更新小鸡属性
    }
    protected void paint(Graphics g)
    {
        g.setColor(0);                                      //设置当前色为黑色
        g.fillRect( 0, 0, getWidth(), getHeight() );        //用当前色填充整个屏幕
        //完成开发步骤的第（F）步
        switch( m_nState )
        {
        case 0:                                             //显示背景及各种精灵图像
            g.drawImage( m_BackImg, m_nX, m_nY, Graphics.LEFT|Graphics.TOP);
            m_HorseSp.paint(g);
            m_DogSp.paint(g);
            m_CockSp.paint(g);
            break;
        case 1:
            g.setColor(0xffffffff);
            g.drawString( "You Lost!", 10, 45, Graphics.LEFT|Graphics.TOP );
            break;
        case 2:
            g.setColor(0xffffffff);
            g.drawString( "You Win!", 10, 45, Graphics.LEFT|Graphics.TOP );
```

```
            break;
        }
        CheckFinish();                                      //检测游戏是否结束
    }
    private void CheckFinish()                              //检测游戏是否结束
    {
        //判断小狗与小马是否达到终点
        if( m_DogSp.getX() < 10 || m_HorseSp.getX() < 10 )
            m_nState = 1;                                   //游戏失败
        //判断小鸡是否到达终点
        else if( m_CockSp.getX() < 10 )
            m_nState = 2;                                   //游戏胜利
    }
    private void SpriteRun( Sprite sp, int speed )
    {
        ……，此处代码略，与本章实例制作“流程三”中所给出的同名函数代码相同
    }
    private void Logic()
    {
        ……，此处代码略，与本章实例制作“流程四”中所给出的同名函数代码相同
    }
    private void InitPosision()
    {
        ……，此处代码略，与本章实例制作“流程五”中所给出的同名函数代码相同
    }
}
```

流程 8　运动并发布产品

完成代码修改并保存文件后，通过 WTK 来运行 Race 项目，在“MideaControlSkin”模拟器中的运行效果如图 5-2 所示。

本章小结

体育游戏是以体育运动为题材的游戏，通常为双人或多人的对战游戏，对 CPU 的性能要求比较高。体育游戏又可分为：球类、赛车类、田径类、水上项目类、极限运动类等等。

Sprite 类专门用来控制游戏中的动画角色（如飞机，坦克，人物等等）。Sprite 的中文意思是精灵，由它控制产生的动画称为精灵动画。

手机游戏中，使用分层的方法来表现物体与屏幕的远近关系。可以这样想象分层原理：动画内容中表现的虚拟空间可被分成若干个层，后显示的图像会覆盖先前显示的图像。

思考与练习

1. 请说体育游戏的定义、特点及分类。
2. 精灵动画的原理是什么？
3. 精灵动画中，“帧”是指什么？
4. J2ME 中的 Sprite 类与 Layer 类有什么关系？

第六章　开发休闲游戏

本章内容提要

本章由4节组成。首先介绍休闲游戏的特点、分类、用户群体、开发要求。接下来通过游戏《无敌抢钱鸡》介绍其开发的全部流程中的基础知识和技能。最后是小结和作业安排。

本章学习重点

- 休闲游戏特点
- 《无敌抢钱鸡》游戏的制作过程

本章教学环境：计算机实验室

学时建议：7小时（其中讲授2小时，实验5小时）

现代汉语词典中对休闲一词的解释是：余暇时的休息和娱乐。那么休闲游戏，就应该是在休息或闲暇时间所玩的游戏。

第一节　概述

关键点：①特点、②分类、③用户群体、④开发要求。

休闲游戏是近些年所产生的一种游戏，它的设计初衷是让游戏者在闲暇时间里，不必花费太多的精力就能够体验游戏所带来的愉悦，从而产生休闲舒适的感觉，缓解生活和工作的压力。

2003年的游戏开发者大会（Game Developers Conference，简称GDC）上，业界专家就把某类游戏定义为Casual games，国内的游戏设计者们将Casual games翻译成休闲游戏或悠闲游戏。“casual”的中文意思是“临时的，偶然的，随意的”，顾名思义，休闲游戏就指游戏者无须投入太多的时间与精力，可随时参与、随时退出的游戏。

一、休闲游戏的特点

目前，市场上受欢迎的休闲游戏大多具有以下特点：

1. 操作简单，入门容易

很多休闲游戏的操作方法非常简单，一个鼠标（PC中的休闲游戏）或几个按键就可实现游戏中的所有功能，游戏者无须在游戏操作上耗费脑筋。

2. 规则简单，目的明确

休闲游戏的游戏规则通常很简单，游戏者很容易弄清游戏目的，也就是说，很容易知道下一步该做什么。但是在这种简单的规则下，游戏的结局却有可能是千变万化的。

3. 画面清晰，角色活泼可爱

通常，休闲游戏的画面绚丽多彩，游戏中的人物多为Q版（卡通版），而且随着3D技术、图像制作技术的不断进步，游戏画面越来越亮丽逼真，人物角色也越来越活泼可爱。

4. 节奏轻快

休闲游戏营造一种轻松愉快的氛围，整个游戏的节奏比较轻快，背景音乐也以欢快愉悦型为主。

二、休闲游戏的分类

休闲游戏可以按照商业模式或游戏内容进行分类。

1. 按商业模式分类

美国IGDA（International Game Developers Association，国际游戏开发者协会）发布的休闲游戏白皮书2005（Casual Games white paper 2005）中，将电脑中的休闲游戏按照商业模式分成如下几种：

- 可下载的游戏（Downloadable Game）

可以从网上下载的、体积小于15MB的“小文件”游戏，安装后可以独立运行的游戏。

- 网页游戏（Web Game）

不需要安装，可以直接在网页页面中运行的游戏。这种游戏不能脱离浏览器，第一次运行游戏时，页面上可能会提示需要安装 ActiveX 等插件。典型的网页游戏有：flash 游戏 、Shockwave游戏、Java类和C++类等基于网站的游戏。

- 技巧游戏（Skill Game）

完全依靠技巧来获取金钱或奖励（即胜利）的网页游戏，因为游戏中的运气成分很少或者几乎没有。

- 广告游戏（Advergame）

这种游戏的主要目的是：传播广告信息，增加网站访问量，营造品牌效应的。

- 传统游戏（Traditional game）

这种游戏来源于专门从事游戏开发和运维的机构，并且以零售方式销售。

2. 按游戏内容分类

休闲游戏按照游戏内容，又可分为如下几种：

- 敏捷游戏

这种游戏主要测试游戏者的反映和敏捷程度。在游戏中，游戏者通常要在规定的时间内完成一些简单而又重复的操作。本章将制作的实例《无敌抢钱鸡》就属于敏捷游戏。

- 找差别的游戏

这种游戏主要测试游戏者的观察能力。在游戏中，系统常常给出两幅相似的图像，游戏者需要在规定的时间内，找出两幅图像的不同之处。例如QQ中的《找茬》游戏（如图6-1所示）就属于找差别的游戏。

- 记忆游戏

这种游戏主要测试游戏者的记忆力。在游戏中，游戏者需要不断地记忆屏幕上出现的画面，然后按要求完成某些任务。例如一些《翻牌》类游戏（如图6-1所示）就属于记忆游戏。

● 砖块游戏

以砖块为题材的游戏。这种游戏中，游戏者通常使用小球来击打屏幕上的砖块。例如一些《打专块》游戏（如图 6-1 所示）就属于砖块游戏。

● 女孩游戏

适合于女孩的游戏，这种游戏通常以购物或换服装为题材。例如一些《MM 换服装》游戏（如图 6-1 所示）就属于女孩游戏。

● 教育游戏

这种游戏具有一定的教育意义，使游戏者在娱乐的过程中掌握知识。教育游戏适合于少年儿童，因此也被称为儿童游戏。例如一些《单词拼写》类的游戏就属于教育游戏。

● 培养游戏

这种游戏以培养小宠物为题材。游戏中，玩家需要经常给宠物喂食、喂水、洗澡或进行其他培养操作。培养游戏实际上是模拟现实世界中培养宠物的实际过程，例如一些《饲养宠物》游戏（如图 6-1 所示）就属于培养游戏。

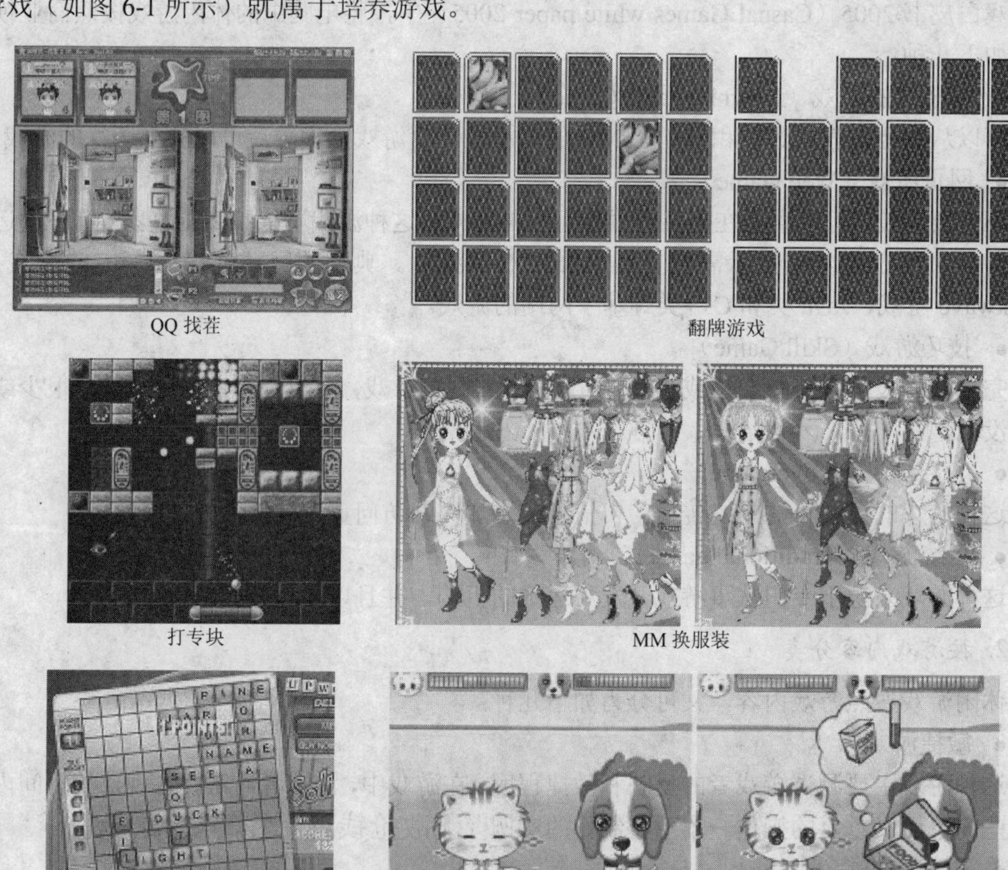

图 6-1 休闲游戏代表

三、休闲游戏的用户群

休闲游戏的用户群具有以下特点：

1. 不是狂热的游戏爱好者。
2. 最主要的娱乐方式并不是游戏。
3. 觉得游戏时间不宜过长，否则会影响工作。
4. 可能对电脑或手机游戏不是很熟悉。
5. 可能是女性或儿童。
6. 常常由于某种原因，在游戏进行一半时就强行退出。

四、休闲游戏的开发要求

1. 设计要求

在设计休闲游戏时，需要注意以下几个方面：

- 游戏难度不能过高

如果游戏难度过高，将无法吸引玩家继续游戏。如果游戏必须具备一定的难度，可以设置难度级别的选项，让初学者可以选择低级别的难度来享受游戏的快乐。

- 对硬件要求不能太高

即使在欧美，很多玩家的电脑或手机配置都很低，国内更是如此。3D 游戏不仅对硬件配置要求较高，还会增加测试的成本，并没有太多好处，因此休闲游戏最好采用 2D 模式。

- 尽量不用文字介绍

很多玩家不愿意看文字的帮助或介绍，他们更希望游戏拿到手上就能玩。而且大量的文字也不适合游戏的国际推广，比如某款游戏需要销售到国外，如果文字太多，会增加翻译的负担。

- 提供分数和奖励的功能

有时候，高分数及各种奖励会增大玩家对这款游戏的“粘度”。

- 增加搞笑成分

很多休闲游戏，在人物造型或道具设置上增加了搞笑的成分，这使得玩家更能感受到休闲娱乐的气息。

- 游戏名称不能太古怪

虽然在家用游戏机上（如 PS2、XBOX），很多游戏的名称古怪，但休闲游戏却不可以这样。休闲游戏的玩家通常希望通过名称能了解游戏的类型，可以更直观地做出选择。

- 定价不能太高

休闲游戏的定价很重要，最好先做市场考察，选择一个最适合的价格，这样不会使玩家觉得为难。

- 注意细节的设置

游戏整体质量的高低，往往是由细节决定的，比如爆炸时的音效也会影响游戏的整体效果。设计游戏时，应尽量接受玩家的反馈意见，逐步完善游戏的细节。

- 确定用户群

确定游戏用户群体，对休闲游戏的设计思路很重要。比如为儿童或女性开发的游戏，就不能存在暴力成分。

2. 技术要求

实现休闲游戏的技术难度不大，只是这类游戏中常常会存在很多对象（如人物、场景、物品等等）。所以开发休闲游戏，主要解决的问题是：弄清游戏中存在哪些对象，找出各种对象的相关信息，弄清各种对象之间的关系，最后为每种对象创建管理类。

第二节　休闲游戏《无敌抢钱鸡》的开发

关键点：①规则、②效果、③处理、④流程、⑤具体操作。

接下来介绍《无敌抢钱鸡》休闲游戏的开发过程，其玩法简单，轻松愉快，是一个典型的休闲游戏。

一、操作规则

本游戏中，游戏者通过左右键移动屏幕下方的小鸡，让小鸡接住从天上（屏幕上方）随机掉下的物品。天上掉下的物品包括：金元宝、钻石、圆形水果。当小鸡接到金元宝或钻石时，会分别增加 5 或 10 个积分点；当小鸡接到圆形水果时会被砸倒，而且此后的一段时间内，游戏者将不能控制小鸡；游戏的总时间为 120 秒，游戏的任务是在规定时间内，获得更多的积分。

二、实例效果

本例运行实际效果见图 6-2。

图 6-2　运行效果

三、资源文件的处理

本实例所需的资源文件有：小鸡的精灵图片、游戏中的背景图片及各种物品图片，所有图片的规格如图 6-3 所示。

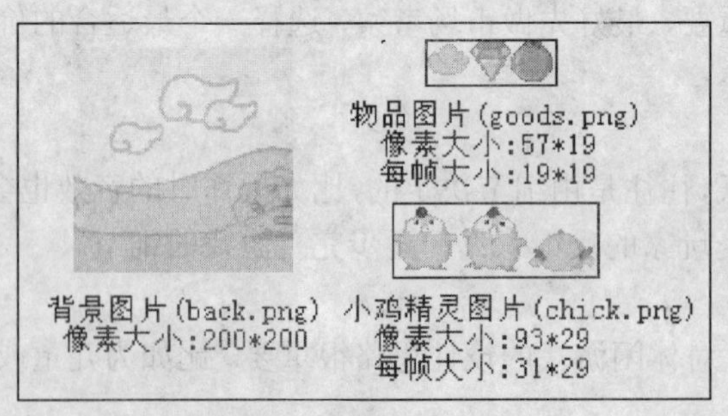

图 6-3　资源文件

四、开发流程（步骤）

本实例的开发分为 8 个流程：①掌握精灵参考点理论、②掌握精灵转换方法、③掌握碰撞检测原理、④确定游戏对象、⑤解决物品碰撞难题、⑥制程序流程图、⑦编写实例代码、⑧运行并发布产品，见图 6-4 所示。

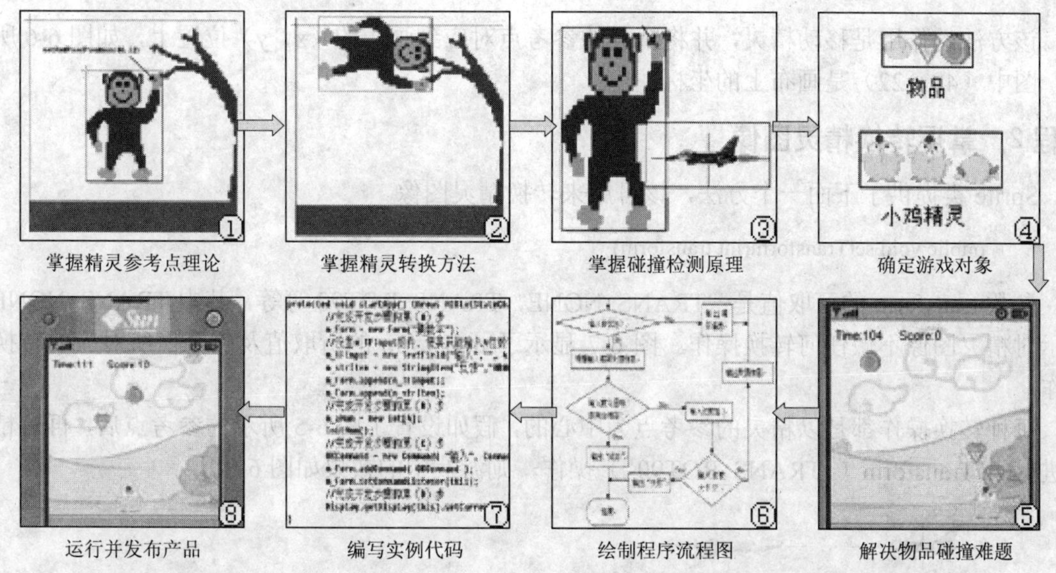

图 6-4 休闲游戏《无敌抢钱鸡》的开发流程图

五、具体操作

流程 1 掌握精灵参考点理论

在本例游戏中，小鸡向左跑与向右跑的动作完全一样，只是图片的显示方向一样。在这种情况下，为了节省图片资源，通常只制作一个方向的图像，并在程序中通过调用 Sprite（精灵）类中的函数，来实现图片显示方向的自动转换。

除管理和显示精灵动画外，Sprite（精灵）类还提供了其它方法，这些方法可用于设置参考点以及转换精灵图像等操作。

Sprite（精灵）类中有如下方法可设置精灵的参考点：

```
public void defineReferencePixel(int x, int y)
```

其中坐标（x，y）是相对精灵图像本身的，如图 6-5 就是将参考点设置在精灵的手上。精灵默认的参考点是精灵图像的中心。

图 6-5 设置参考点

图 6-6 通过参考点移动精灵

设置参考点后，可使用如下方法来移动精灵：

```
public void setRefPixelPosition(int x, int y)
```

该方法的作用是移动精灵，并将精灵的参考点对应到画布的（x，y）位置上，如图 6-6 所示，图中（48，22）是画布上的坐标。

流程 2　掌握转换精灵图像

Sprite 类提供了下面一个方法，该可用来转换精灵图像。

```
public void setTransform(int transform)
```

参数 transform 的可取值是：TRANS_NONE，TRANS_ROT90 等等，其中 TRANS_NONE 表示对精灵图像不做任何转换操作。图 6-7 显示了 transform 的所取值及每个值所对应的转换操作。

每种转换操作都是以精灵的参考点为中心的，假如设置了图 6-5 所示的参考点后，再对精灵进行 setTransform（ TRANS_ROT90 ）操作，则游戏中的效果如图 6-8 所示

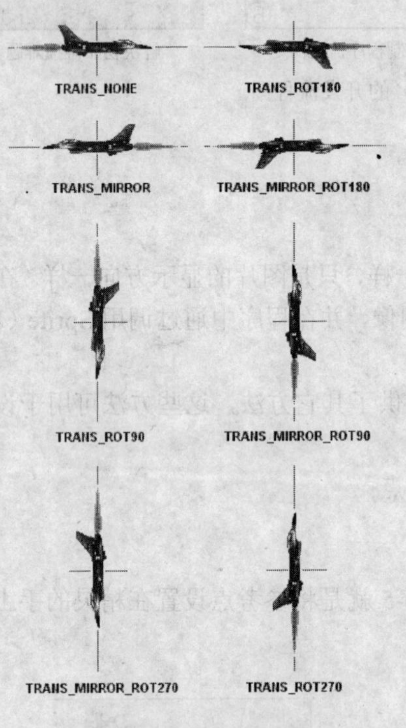

图 6-7　各种转换操作

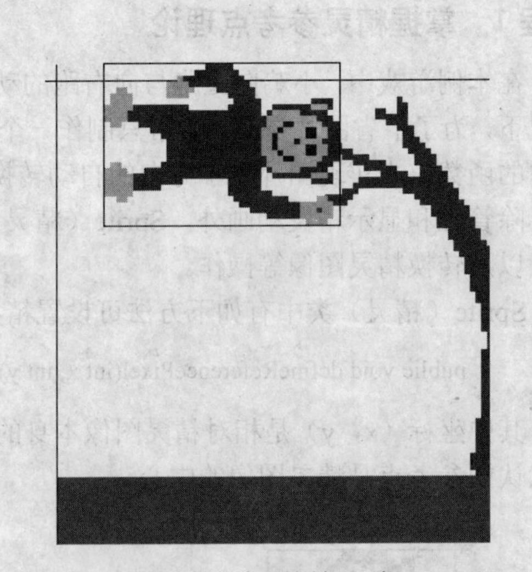

图 6-8　精灵旋转 90 度

流程 3　精灵的碰撞检测

游戏中常常要判断各种物体间是否发生碰撞，Sprite 类提供了三种用于碰撞检测的方法，它们的定义如下：

public boolean collidesWith(Image image, int x, int y, boolean pixelLevel)

功能：　检测 Sprite 与 Image 的碰撞

参数：　image……………………..与当前 Sprite 碰撞的 Image 对象

x………………………….image 左上角的横坐标

y………………………….image 左上角的纵坐标

pixelLevel………………...true 表示只检测图像中不透明的区域，
false 表示检测整个图像区域

返回： true 表示发生碰撞，false 表示未产生碰撞

public boolean collidesWith(Sprite s, boolean pixelLevel)

功能： 检测 Sprite 与 Sprite 的碰撞

参数： s…………………………..与当前 Sprite 碰撞的另一个 Sprite 对象

pixelLevel………………...true 表示只检测图像中不透明的区域，
false 表示检测整个图像区域

返回： true 表示发生碰撞，false 表示未产生碰撞

public boolean collidesWith(TiledLayer t, boolean pixelLevel)

功能： 检测 Sprite 与 TiledLayer 的碰撞

参数： s…………………………..与当前 Sprite 碰撞的 TiledLayer 对象（后面章节将进一步讲解 TiledLayer 类的使用方法）

pixelLevel………………...true 表示只检测图像中不透明的区域，
false 表示检测整个图像区域

返回： true 表示发生碰撞，false 表示未产生碰撞

本书将在具体的实例中深入讲解精灵间是否发生碰撞的检测方法。

专业指点：本例制作难点及其解决方法

制作本章游戏之前，先了解该游戏的制作难点及解决各个难点的方法。

本游戏的制作过程中会遇到以下几个难点：

1. 本游戏中存在着多种对象，确定对象之间的关系是本实例制作的难点之一。

2. 本游戏中，小鸡对象与物品对象都需要单独进行管理，那么创建小鸡与物品的管理类也是本实例制作的难点之一。

3. 如何判断小鸡是否接到物品。

流程 4 确定游戏各种对象的关系

小鸡及物品之间的关系

本游戏中存在着多种对象，包括：小鸡及物品。他们之间存在下面一些关系：

- 小鸡可以接住物品，也就是说小鸡会与物品发生碰撞。
- 不同种类的物品与小鸡碰撞，会产生不同的后果。
- 物品砸倒小鸡或增加本次游戏的积分。

确定了各种对象的关系后，可建立 ChickSprite 及 GoodsSprite 等类来分别管理小鸡及物品。而通过 MainCanvas 框架可将各种对象关联到一起，如图 6-9 所示，图中 MainCanvas 是 Canvas 框架类的名称。

图 6-9 各种管理类

流程 5　解决物品碰撞难题

1. 小鸡管理类

本游戏中与小鸡相关的信息有：

- 游戏者可通过左右键移动小鸡。
- 小鸡有多种状态：原地站立、向左跑、向右跑、被砸倒。
- 小鸡被砸后，会倒下并停留一段时间。

根据以上信息编写 ChickSprite 类，该类的具体代码如下：

```
import javax.microedition.lcdui.*;
import javax.microedition.lcdui.game.*;
public class ChickSprite extends Sprite
{
    //定义一组状表示小鸡状态的数值
    public static final int CHICK_STAND    = 0;                    //原地站立
    public static final int CHICK_LEFT     = 1;                    //向左跑
    public static final int CHICK_RIGHT    = 2;                    //向右跑
    public static final int CHICK_DOWN     = 3;                    //被砸倒
    public static final int CHICK_STATE_NUM = 4;                   //状态总数
    private int m_nState = CHICK_STAND;                            //当前的状态
    public int m_nTime     = 15;                                   //砸倒后，倒地停留时间
    public ChickSprite( Image image, int frameWidth, int frameHeight)
    {
        super(image, frameWidth, frameHeight);
        defineReferencePixel(frameWidth / 2, frameHeight / 2);
    }
    public int getState()                                          //获取当前状态
    {
        return m_nState;
    }
    //设置当前状态，参数state是新状态值
    public void setState( int state )
    {
        if( m_nState < 0 || m_nState >= CHICK_STATE_NUM )
            return;
        m_nState = state;
        if( m_nState == CHICK_DOWN )
            m_nTime = 15;                                          //设置倒地时间
    }
    //处理按键的输入
    //参数action为当前的按键状态，scrWidth与scrHeight分别是屏幕的宽与高
    public void Input( int action, int scrWidth, int scrHeight )
    {
        if( m_nState == CHICK_DOWN )                               //小鸡被砸倒
            return;
        int x = getRefPixelX();
        if( action == Canvas.LEFT ){
            setState( CHICK_LEFT );                                //小鸡向左跑
            x = x - 4;
        }
```

```
        else if( action == Canvas.RIGHT ){
            setState( CHICK_RIGHT );                    //小鸡向右跑
            x = x + 4;
        }
        else
            setState( CHICK_STAND );                    //小鸡原地站立

        if( x >= this.getWidth() / 2   &&   x <= scrWidth - this.getWidth() / 2 )
            setRefPixelPosition( x, getRefPixelY() );

    }
    //逻辑操作,产生并控制各种状态下的小鸡动画
    public void Logic()
    {
        switch( m_nState )
        {
        case CHICK_STAND:                               //小鸡原地站立
            setTransform( Sprite.TRANS_NONE );
            setFrame(0);
            break;
        case CHICK_LEFT:                                //小鸡向左跑
            setTransform( Sprite.TRANS_NONE );
            if( getFrame() == 0 )
                setFrame(1);
            else
                setFrame(0);
            break;
        case CHICK_RIGHT:                               //小鸡向右跑
            setTransform( Sprite.TRANS_MIRROR );
            if( getFrame() == 0 )
                setFrame(1);
            else
                setFrame(0);
            break;
        case CHICK_DOWN:                                //小鸡被砸倒
            setTransform( Sprite.TRANS_NONE );
            setFrame(2);
            m_nTime --;
            if( m_nTime < 0 )
            {
                setState( CHICK_STAND );
            }
            break;
        }
    }
}
```

2. 物品的管理类

本游戏中与物品相关的信息有：

- 物品分为金元宝、钻石、圆形水果等几个种类。

- 每个物品都随机从屏幕上方出现。
- 每个物品出现后都会自动下落。

根据以上信息，可以建立 GoodsSprite 类管理物品，该类中定义的变量和方法如下：

```
import javax.microedition.lcdui.*;                        //导入图像显示的相关类
import javax.microedition.lcdui.game.*;                   //导入精灵的相关类
public class GoodsSprite extends Sprite
{
    //定义一组表示物品类型的数值
    public static final int GODDS_GOLD        = 0;        //金元宝
    public static final int GODDS_DIAMOND     = 1;        //钻石
    public static final int GODDS_FRUIT       = 2;        //水果
    public static final int GODDS_TYPE_NUM = 3;           //类型总数
    private int m_nType = GODDS_GOLD;
    public GoodsSprite( Image image, int frameWidth, int frameHeight)
    {
        super(image, frameWidth, frameHeight);
        defineReferencePixel(frameWidth / 2, frameHeight / 2);
        setVisible( false );                              //刚产生时，并不可见
    }
    public int getType()                                  //获得物品的类型
    {
        return m_nType;
    }
    public void setType( int type )                       //设置物品的类型
    {
        m_nType = type;
        if( m_nType < 0 || m_nType >= GODDS_TYPE_NUM )
            m_nType = GODDS_GOLD;
        setFrame(m_nType);
    }
    //让物品开始掉落,参数x与y分别是物品起始点的位置
    public void StartDrop( int x, int y )
    {
        setRefPixelPosition( x, y );
        setVisible( true );
    }
    //逻辑操作,产生并管理物品下落的动画，参数srcHeight指定屏幕高度
    public void Logic( int srcHeight )
    {
        if( isVisible() == false )
            return;
        int y = getRefPixelY();
        y = y + 5;
        setRefPixelPosition( getRefPixelX(), y );
        if( y >= srcHeight )
            setVisible( false );
    }
}
```

判断小鸡是否接到物品，就是判断小鸡是否与物品发生碰撞。利用 Sprite 类提供的

collidesWith 方法就可以判断小鸡是否接到物品，具体的实现代码如下：

```
private void Collides()                                    //碰撞检测
{
    for( int n = 0; n < m_Goods.length; n ++ )
    {
        if( m_Chick.collidesWith( m_Goods[n], true ) )
        {//如果小鸡与物品发生碰撞,即小鸡接到了物品
            switch( m_Goods[n].getType() )
            {
            case GoodsSprite.GODDS_GOLD:                   //接到金元宝
                m_nScore += 5;                             //增加5个积分点
                break;
            case GoodsSprite.GODDS_DIAMOND:                //接到钻石
                m_nScore += 10;                            //增加10个积分点
                break;
            case GoodsSprite.GODDS_FRUIT:                  //接到水果会被砸倒
                m_Chick.setState( ChickSprite.CHICK_DOWN );
                break;
            }
            m_Goods[n].setVisible(false);                  //让物品消失
        }
    }
}
```

流程 6　制作程序流程图

难点问题逐一解决之后，则可以正式开始制作游戏。与上一章游戏的制作过程相同，首先仍然需要绘制程序流程图。本实例的主程序框架中定义了两种显示状态，分别是：游戏状态、结束状态。主程序的流程如图 6-10 所示。

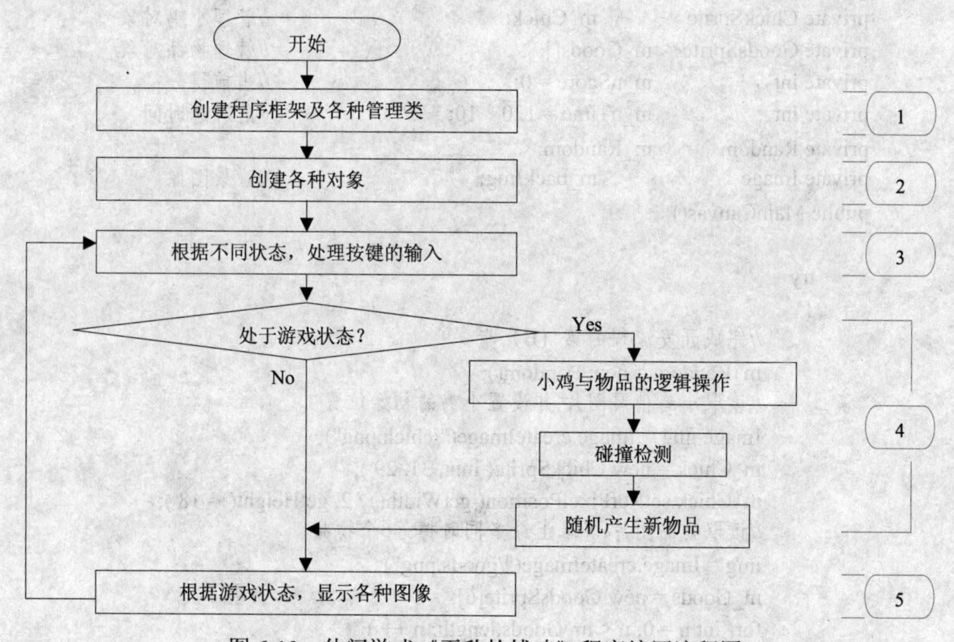

图 6-10　休闲游戏《无敌抢钱鸡》程序编写流程图

程序流程图中的虚线部分将流程图分块，以便与具体的操作步骤相对应。根据程序流程图，可确定本游戏的开发步骤。创建本实例的 MIDlet 框架后，其它具体步骤如下所述：

（A）创建程序框架，并创建小鸡与物品的管理类，实现程序流程图的（1）部分；

（B）在 MainCanvas 框架中创建相关对象及变量，实现程序流程图的（2）部分；

（C）在框架的 keyPressed 接口中处理用户的按键输入，实现程序流程图的（3）部分；

（D）调用自定义的 Logic 函数，进行逻辑处理，实现程序流程图的（4）部分；

（E）在框架的 paint 接口中显示相应图片或文字，实现程序流程图的（5）部分；

流程 7　编写本例代码

参照第 4 章所述方法，利用 WTK 创建 Money 项目，设置项目的 MIDlet 名称为 MoneyMIDlet，并将游戏的资源文件存放到 Money 项目的 res 子目录中。

然后，在 Money 项目的 src 子目录中添加 MainCanvas.java 文件，并参照第 4 章的方法来创建本游戏的程序框架。然后在 src 目录中添加 ChickSprite.java 与 GoodsSprite.java 两个文件，这两个文件的代码与本章 6.4 节所给出的同名类相同。

至此，已经完成开发流程的第（A）步。

最后，在 MainCanvas 类的各个接口中添加具体的功能代码。修改后的 MainCanvas 类代码如下所述，请参照注释进行理解。

```
import java.util.*;                                         //导入与随机数支持类
import javax.microedition.lcdui.*;                          //导入显示支持类
import javax.microedition.lcdui.game.*;
public class MainCanvas extends Canvas implements Runnable
{
    public static final int GAME_GAMING = 1;                //进行游戏
    public static final int GAME_END          = 2;          //游戏结束
    private int m_nState                      = GAME_GAMING;
    private ChickSprite        m_Chick;                     //管理小鸡对象
    private GoodsSprite    m_Goods[];                       //管理物品对象
    private int            m_nScore = 0;                    //当前得分
    private int            m_nTime = 120 * 10;              //游戏总时间
    private Random         m_Random;
    private Image                m_backImg;                 //背景图像
    public MainCanvas()
    {
        try
        {
            //完成开发流程的第（B）步
            m_Random = new Random();
            //读取小鸡精灵图片,并设置小鸡的初始位置
            Image img = Image.createImage("/chick.png");
            m_Chick = new ChickSprite( img, 31, 29 );
            m_Chick.setRefPixelPosition( getWidth() / 2, getHeight() - 18 );
            //读取物品图片,屏幕上最多同时掉落6个物品
            img = Image.createImage("/goods.png");
            m_Goods = new GoodsSprite[6];
            for( int n = 0; n < m_Goods.length; n ++ )
                m_Goods[n] = new GoodsSprite( img, 19, 19 );
```

```
            //读取背景图片
            m_backImg = Image.createImage("/back.png");
        }
        catch (Exception ex)
        {                                                   //暂不做出错处理
        }
        Thread thread = new Thread(this);                   //新建线程，用于不断更新绘图
        thread.start();
    }
    public void run()                                       //继承Runnable所必须添加的接口
    {
        //新线程启动后，系统会自动调用此方法
        //获取系统当前时间，并将时间换算成以毫秒为单位的数
        long T1 = System.currentTimeMillis();
        long T2 = T1;
        while(true)
        {
            T2 = System.currentTimeMillis();
            if( T2 - T1 > 100 )                             //间隔100毫秒
            {
                T1 = T2;
                Logic();                                    //不断调用Logic函数
                //重绘图形，getWidth与getHeight可分别得到手机屏幕的宽与高
                repaint(0, 0, getWidth(), getHeight());
            }
        }
    }
    protected void keyPressed(int keyCode)
    {
        //完成开发流程的第（C）步
        int action = getGameAction( keyCode );              //获取按键动作
        switch( m_nState )
        {
        case GAME_GAMING:                                   //进入游戏
            if( m_nTime <= 0 )                              //如果游戏超时
                return;
            m_Chick.Input( action, getWidth(), getHeight() );
            break;
        }
    }
    private void Logic()
    {
        //完成开发流程的第（D）步
        switch( m_nState )
        {
        case GAME_GAMING:                                   //进入游戏
            m_Chick.Logic();
            for( int n = 0; n < m_Goods.length; n ++ )
                m_Goods[n].Logic( getHeight() );
            Collides();                                     //碰撞检测
            CreateGoods();                                  //随机生成新物品
```

```
                m_nTime --;
                if( m_nTime <= 0 )                          //如果游戏超时
                    m_nState = GAME_END;
                break;
            }
        }
        protected void paint(Graphics g)
        {
            g.setColor(0);                                  //设置当前色为黑色
            g.fillRect( 0, 0, getWidth(), getHeight() );    //用当前色填充整个屏幕
            //完成开发流程的第（E）步
            int x = ( getWidth() - m_backImg.getWidth() ) / 2;
            int y = ( getHeight() - m_backImg.getHeight() ) / 2;
            g.drawImage(m_backImg, x, y, 0 );
            switch( m_nState )
            {
            case GAME_GAMING:                               //显示游戏画面
                m_Chick.paint(g);
                for( int n = 0; n < m_Goods.length; n ++ )
                    m_Goods[n].paint(g);
                //显示文字信息
                StringBuffer strText = new StringBuffer();
                strText.append("Time:");
                strText.append(m_nTime / 10);
                strText.append("        Score:");
                strText.append(m_nScore);
                g.drawString( strText.toString(), 5, 5, 0 );
                break;
            case GAME_END:                                  //显示结束信息
                StringBuffer strEndText = new StringBuffer();
                strEndText.append("游戏结束,本次得分:");
                strEndText.append(m_nScore);
                g.drawString( strEndText.toString(), 20, getHeight()/2, 0 );
                break;
            }                                               //检测游戏是否结束
        }
        private void Collides()                             //碰撞检测
        {
            ……，此处代码略，与本章实例制作“流程五”中所给出的同名函数代码相同
        }
        private void CreateGoods()                          //随机产生新物品
        {
            //以1比20的概率产生新物品
            int rand = m_Random.nextInt() % 10;             //rand在-10~10之间
            if( rand != 0 )
                return;
            for( int n = 0; n < m_Goods.length; n ++ )
            {
                if( m_Goods[n].isVisible() == false )
                {
                    //随机设置新物品的种类及初始位置
```

```
                int type = Math.abs( m_Random.nextInt() );
                type = type % GoodsSprite.GODDS_TYPE_NUM;
                m_Goods[n].setType(type);
                int x = m_Random.nextInt() % getWidth() - 10;
                x = Math.abs(x);
                m_Goods[n].StartDrop( x, 0 );
                break;
            }
        }
    }
}
```

流程 8 运行并发布产品

完成代码修改并保存文件后，通过 WTK 来运行 Money 项目，在“MideaControlSkin”模拟器中的运行效果如图 6-2 所示。

本章小结

休闲游戏是指游戏者无须投入太多的时间与精力，可随时参与、随时退出的游戏。其设计初衷是让游戏者在闲暇时间里，不必花费太多的精力就能够体验游戏所带来的愉悦，从而产生休闲舒适的感觉，缓解生活和工作的压力。

开发休闲游戏需主要解决的技术难点是：弄清游戏中存在哪些对象，弄清各种对象之间的关系，为各种对象创建管理类。

Sprite 类提供了三种用于碰撞检测的方法。它们分别用于检测 Spirte 与 Image、Sprite 与 Sprite、Sprite 与 TiledLayer 之间的碰撞。

思考与练习

1. 请说出休闲游戏的定义。
2. 休闲游戏具有哪些特点？常见休闲游戏可分为哪些种类？
3. 休闲游戏的用户群具有哪些特点？
4. 在 J2ME 中，如何进行碰撞检测？
5. 设置精灵的参考点有何意义？

第 7 章　开发棋牌游戏

本章内容提要

本章由 4 节组成。首先介绍棋牌游戏的特点、用户群体、分类、开发要求、平台、市场潜力。接下来通过游戏《黑白棋》介绍棋牌游戏开发的全部流程中的基础知识和技能。最后是小结和作业安排。

本章学习重点

- 棋牌游戏特点
- 《黑白棋》游戏的制作全部过程

本章教学环境： 计算机实验室

学时建议： 9 小时（其中讲授 3 小时，实验 6 小时）

棋牌文化是华夏文化中的一条不可忽视的支流，与我国五千年的历史一脉相承。因此，国内游戏市场中也肯定不会缺少棋牌游戏。

第一节　概述

关键点：①特点、②用户群体、③分类、④开发要求、⑤平台、⑥市场潜力。

顾名思义，棋牌游戏就是棋类游戏和牌类游戏的总称，例如象棋、扑克、麻将等。Window 系统软件自 3.1 版本后，都会自带一些棋牌游戏，这些游戏已给全球成千上万的游戏者带来快乐。

棋牌游戏应该算作体育游戏的一个分支，但也有不同的观点：有些人认为，棋牌游戏具有“开动脑筋”的特点，所以应将其归于为益智游戏；还有些人认为，棋牌游戏具有一定的“休闲舒适”性，应将它归类于休闲游戏。其实，这两种不同的观点都有一定的道理，而且游戏的分类方法也没有严格的标准。

一、棋牌游戏的特点

棋牌游戏与益智及休闲游戏相比，具有其自身的一些特点：

1. 趣味性高

大多数棋牌游戏，都有着悠久的历史，它们都是被历史筛选出的精品。

2. 内容短小

与益智游戏类似，棋牌游戏的容量也比较小。

3. 多为回合制

棋牌游戏通常为回合制，回合制就是轮流操作，即轮流出牌或走棋。

4. 竞技性强

棋牌游戏多为人机对弈或多人对弈的形式，通常要决出胜负。

5. 联网时对网速要求不高

联网的棋牌游戏，通常不需要实时地传送数据。往往在游戏者打出一张牌或走了一步棋后，才向对方发送数据，而且每次发送的数据量也比较小。

二、棋牌游戏的用户群

调查显示，棋牌游戏的用户群具有以下特点：

1. 年龄大多在25岁以上

棋牌游戏的玩家肯定熟悉真实的棋牌，而未成年者接触真实棋牌的机会相对少些，所以这类游戏的玩家有一定的年龄特点。

2. 有休闲时间，但非连续的长时间

喜欢这类游戏的玩家，通常有固定的工作。他们不想因游戏耽误工作，因此在短时间内与别人对弈几局，是工作之余的最佳选择。

3. 大多拥有固定收入

很多棋牌游戏都是联网游戏，特别是手机联网的棋牌游戏，需要游戏者支付一定的网络费用。

三、棋牌游戏的分类

棋牌游戏可分为如下几种：

1. 棋类游戏

棋类游戏包括围棋、四国军旗、中国象棋、国际象棋、飞行棋、五子棋、《黑白棋》等。对中国人来说，有些棋类游戏已经远远超出了它的娱乐功能。例如围棋，它早已成为一种理念，一种生活的态度，一种生命的哲学；又如中国象棋，它同样具有悠久的历史，早在战国时期就有了象棋的相关记载。

2. 牌类游戏

牌类游戏是指各种扑克牌游戏。相传扑克牌最早出现在中国，是马可·波罗将它带到欧洲，并在那里得到发展，最终产生了今天流行的法式扑克牌。

常见的牌类游戏有：桥牌、斗地主、蜘蛛纸牌、接龙、十三张、红心大战、锄大地等。

3. 骨牌类游戏

骨牌是因其制作材料而得名，最初的骨牌大多是用牛骨制作成的。骨牌也有用象牙制成的，所以也叫牙牌。最早的骨牌产生于中国北宋宣和年间，所以也被称作“宣和牌”。骨牌是由骰子演变而来的，在明清时期盛行的“推牌九”、“打天九”都是较吸引人的游戏。

麻将是骨牌中影响最广的游戏形式，它也称为“麻雀”或“雀牌”，是正宗的国粹。麻将是由明末盛行的“马吊牌”演变而来的，原属皇家和王宫贵族的游戏，在长期的历史演变过程中，麻将逐步从宫廷流传到民间，成为我国国粹中最普及的一种文娱活动。麻将的制作材料也从硬纸、竹片、骨料，发展到今天的硬塑料及有机玻璃。

四、棋牌游戏的开发要求

1. 设计要求

设计棋牌游戏时，可在真实棋牌的基础上增加一些虚拟的道具。同时要注意各类道具的平衡性，使加入的道具不会对某一方影响过大。

2. 技术要求

单机版的棋牌游戏中，常常是人机对战的形式。因此，程序员要掌握各种人工智能的算法，而且还需要具有一定的棋艺，这样才能设计出“高智商的电脑”。

五、网络棋牌游戏平台

棋牌游戏大多为双人或多人的对弈形式，常需要运行在网络环境下。由于网络技术和网络费用的限制，手机上的网络棋牌游戏还没有形成规模。而在电脑上，已经先后出现了很多网络棋牌游戏平台，其中的代表有：

1. QQgame（http://www.game.qq.com）

腾讯公司的 QQgame 是发展最快的棋牌休闲游戏的平台。2003 年，腾讯公司推出了以棋牌游戏为主的休闲游戏平台 QQgame，该平台吸取了早期前辈的经验，又增加了更多的玩法，在腾讯 QQ 原有用户群的基础下，取得了巨大的成功。据统计，腾讯 QQ 的注册用户在 3 亿以上，QQgame 的最高同时在线人数为 50 万。

2. 联众世界（http://www.ourgame.com）

联众世界创办于 1998 年 3 月，由鲍岳桥、简晶、王建华先生共同创办，是国内最早的网络棋牌游戏平台。经过长时间的积累，该平台内的棋牌游戏种类相当齐全，这也成了联众世界的优势。不过在联众世界中，其他竞技休闲游戏种类比较欠缺，游戏的界面风格也略显单调，好在联众世界也意识到这一点，正在进一步改进。据统计，联众世界的注册用户在 1 亿 5 千万以上，最高同时在线人数为 60 万。

3. 中国游戏中心（http://www.chinagames.net）

1999 年，中国游戏中心由深圳电信创立。作为老牌的在线棋牌游戏平台，它在国内的影响力也非同小可。该平台隶属中国电信，并承办了多届 CIG（中国电子竞技大会）官方赛事的棋牌比赛。近些年，中国游戏中心一直向联众世界的老大地位发起冲击，但却始终没能成功而且，最近随着新秀 QQgame 的加入，“北联众，南中游”的市场格局也已经被打破。据统计中国游戏中心的注册用户接近 1 亿，最高同时在线人数为 30 万。

4. 边锋游戏世界（http://www.gameabc.com）

边锋游戏世界在是江浙一带发展起来的，富有浓厚地方特色，该平台最早是联众世界的杭州分站。在杭州，与其它棋牌游戏相比，边锋游戏具有很高的市场占有率和知名度。不久前边锋游戏世界被上海盛大网络公司收购，相信凭借盛大公司的实力，边锋游戏世界会越做越好据统计，边锋游戏世界的注册用户有近 3000 万，最高同时在线人数为 20 万。

六、手机网络棋牌游戏的市场潜力

在中国，棋牌是一项历史悠久的运动，具有广泛的群众基础。近几年，随着移动增值服务的兴起，越来越多的玩家开始使用手机进行棋牌游戏的联机对决。网络棋牌游戏具有竞技性强、流量需求小等特点，非常适合在手机中运行。

2007 年 3 月 7 日，由中国移动通信、国家体育总局棋牌运动管理中心主办，联众世界承办的“全国手机棋牌游戏大赛”新闻发布会隆重召开。这一赛事不仅首开手机棋牌大赛的国内先河，也是首次由电信运营商和国家体育总局联合开展的体育竞技大赛。随着这次比赛的举办，国内的手机网络棋牌游戏必将在未来几年内，掀起一股热潮，同时也会带来巨大的经济效益。

第二节　棋牌游戏《黑白棋》开发

关键点：①规则、②效果、③处理、④流程、⑤具体操作。

《黑白棋》，又称为《反棋》（Reversi）、《奥赛罗棋》（Othello）、《苹果棋》或《翻转棋》。《黑白棋》在西方和日本很流行。

一、操作规则

实际的棋盘是 8*8 的方格，每局开始时，棋盘正中有两白两黑四个棋子交叉放置。进行游戏时，只能在可“翻转”棋子的位置落子。“翻转”棋子是指当有两个本方棋子夹住一个或多个对方的棋子时，对方的棋子将变成本方棋子。棋盘中横、纵、斜三个方向都可以“翻转”棋子。当棋盘上没有可落子的位置时，游戏结束，棋子多的一方获胜。

本游戏还将显示标题画面，运行游戏后，系统先进入标题画面，在标题画面中按下方向键的中心键，系统才进入正式的《黑白棋》比赛。

二、本例效果

本例运行实际效果见图 7-1。

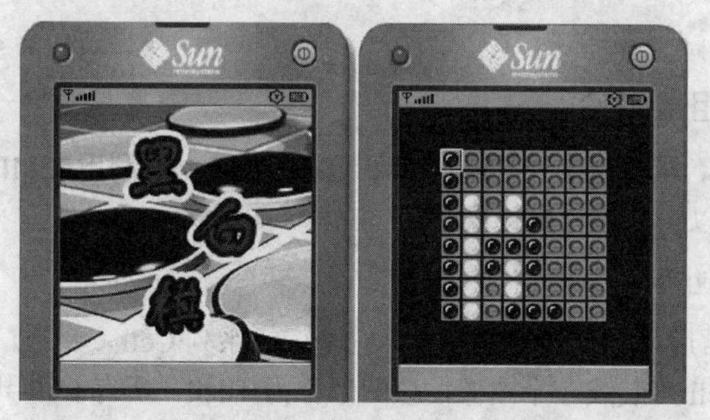

图 7-1 《黑白棋》实际运行效果

三、资源文件的处理

本例所需的资源文件有：标题图片、棋盘格子图片，所有图片的规格如图 7-2 所示。

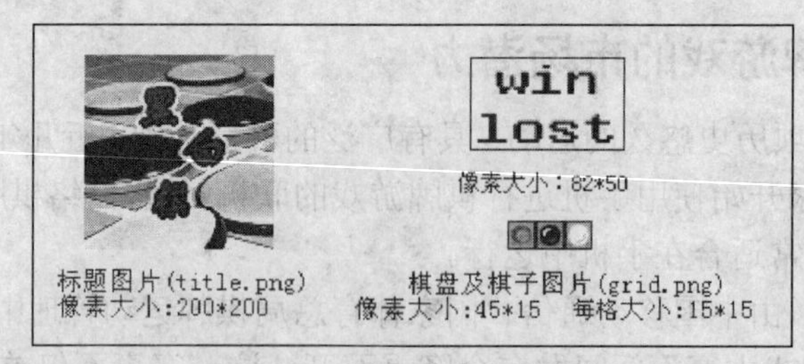

图 7-2 《黑白棋》资源文件

四、开发流程（步骤）

本例的开发流程分为 8 个：①掌握切片组层理论、②制作标题画面、③解决游戏规则难题、④解决人工智能难题、⑤解决胜负判断难题、⑥绘制程序流程图、⑦编写实例代码、⑧运行并发布产品，见图 7-3 所示。

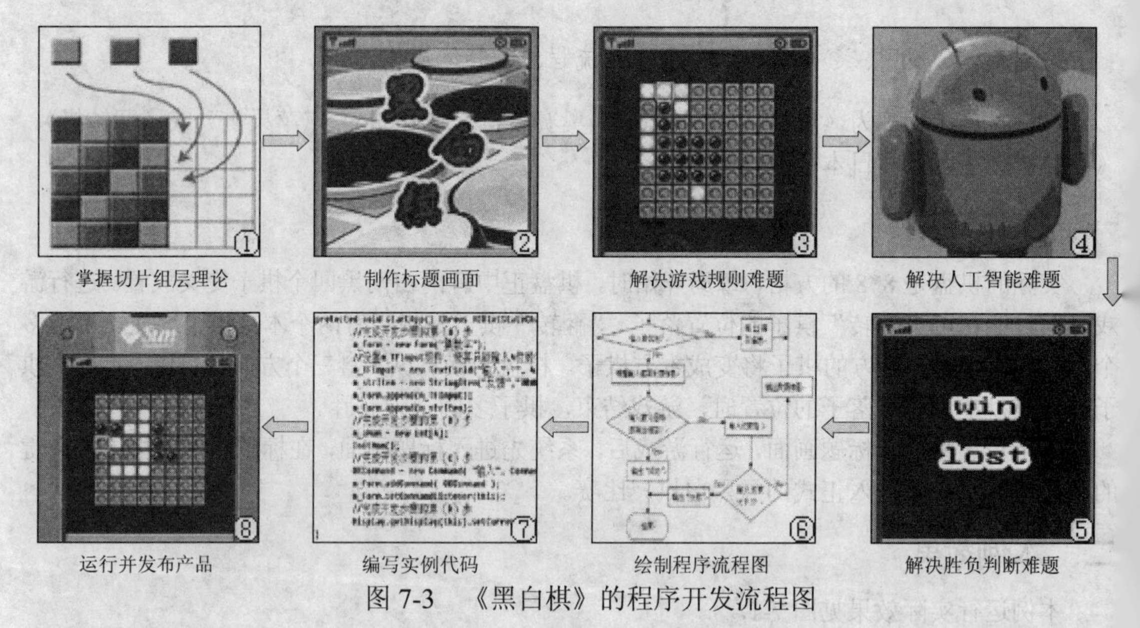

图 7-3　《黑白棋》的程序开发流程图

五、具体操作

流程 1　掌握切片组层理论

《黑白棋》游戏中，棋盘是由 3 种不同的单元格拼接而成，利用 J2ME 中提供的 TiledLayer（切片组层）类，可以实现这种拼接操作。

1. TiledLayer 的说明

TiledLayer 对象常用于存储游戏的场景，它是由一系列 Cell（单元）构成的，每个 Cell 是一个小矩形。每个 Cell 可装载一个图像，该图像称为 Tiled。所有 Cell 共同拼成一个大矩形，这个大矩形就是 TiledLayer。如图 7-4 所示，图中三块深色的矩形代表三个 Tiled，下面含有很多方格的大矩形就是 TiledLayer，大矩形中每个小方格就是 Cell。

实际上，每个 Cell 只需记录了 Tiled 的编号，在运行时系统会自动装载 Tiled。将 Tiled 排列到 Cell 中，就可以利用几个小块的 Tiled 拼成一个大的图像，这样就达到了节省系统资源的目的。

2．TiledLayer 的使用过程

TiledLayer 对象具体的使用过程如下所述：

（1）首先，制作 Tiled 的图片。

如图 7-5 所示，将 4 个像素大小为 40*40 的 Tiled 放到一个图片里。图中红色的数字表示 Tiled 的编号，与 Sprite 中“帧”的编号不同，Tiled 的编号是从 1 开始的。

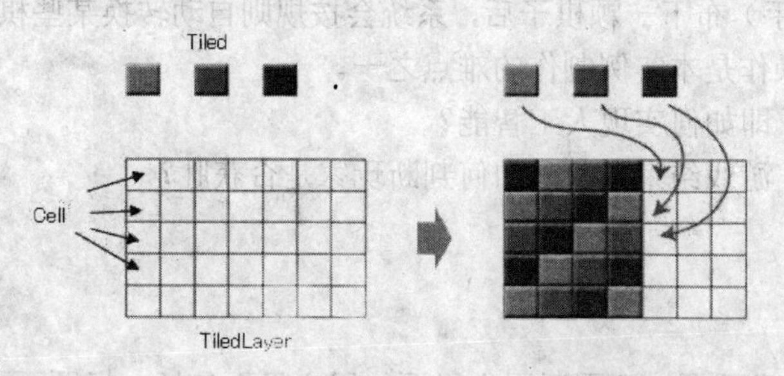

图 7-4 切片组层　　图 7-5 Tiled 图片

（2）设计 TiledLayer

在练习纸上设计 TiledLayer 中各 Cell 存储的 Tiled 编号。图 7-6 左边是 TiledLayer 中每个 Cell 存储的 Tiled 编号，右边是 TiledLayer 实际显示的图像。

3	4	2	1	4
4	2	3	1	3
3	2	1	2	4
2	3	2	1	3
2	4	2	4	1

图 7-6 Cell 的取值

（3）通过 setCell 函数设置 TiledLayer 对象

可利用类似下面的代码，来设置图 7-6 所示的 TiledLayer 对象

```
//setCell头两个参数分别是Cell所在的行号和列号，注意都是从0开始，
//最后一个参数是Tiled的编号，注意Tiled编号从1开始
m_TLayer.setCell(0,0,3);m_TLayer.setCell(0,1,4);m_TLayer.setCell(0,2,2);
m_TLayer.setCell(0,3,1);m_TLayer.setCell(0,4,4);
m_TLayer.setCell(1,0,4);m_TLayer.setCell(1,1,2);m_TLayer.setCell(1,2,3);
m_TLayer.setCell(1,3,3);m_TLayer.setCell(1,4,2);
m_TLayer.setCell(2,0,3);m_TLayer.setCell(2,1,2);m_TLayer.setCell(2,2,1);
m_TLayer.setCell(2,3,2);m_TLayer.setCell(2,4,4);
m_TLayer.setCell(3,0,2);m_TLayer.setCell(3,1,3);m_TLayer.setCell(3,2,2);
m_TLayer.setCell(3,3,1);m_TLayer.setCell(3,4,3);
m_TLayer.setCell(4,0,2);m_TLayer.setCell(4,1,4);m_TLayer.setCell(4,2,2);
m_TLayer.setCell(4,3,4);m_TLayer.setCell(4,4,1);
```

专业指点：本例制作难点及其解决方法

制作本章游戏之前，先了解该游戏的制作难点及解决各个难点的方法。

本游戏的制作过程中会遇到以下几个难点：

- 如何显示标题画面？
- 根据游戏规则，棋盘中的某些位置不能下子，那么该如何棋盘的某一位置是否可以下子？
- 当玩家或“计算机”（玩家的对手）布下一颗棋子后，系统会按规则自动转换某些棋子的颜色，实现棋子颜色转换的操作是本实例制作的难点之一。
- 如何实现“计算机”自动下棋，即如何实现人工智能？
- 当棋盘中没有可落子的位置时，游戏结束，此时如何判断玩家是否获胜？

流程 2 制作标题画面

显示标题画面

一个完整的手机游戏，不仅需要游戏画面，还需要用户界面。用户界面包括：标题画面、及功能按钮等。

用户界面模块相对独立，一般不会与游戏中的其他模块产生联系。所以本书将从本实例开始，制作并逐步完善一个通用的界面管理类。以下是该类的代码，不过它目前只能用于管理标题画面。

```
import javax.microedition.lcdui.*;
public class MyUI
{
    private Image           m_TitleImg;                     //标题画面图像
    public MyUI()
    {
        try                                                 //读取标题图像
        {
            m_TitleImg = Image.createImage("/title.png");
        }
        catch (Exception ex){}
    }
    //功能：显示界面内容
    //参数：g.对应显示屏幕，scrWidth指定屏幕的宽，scrHeight指定屏幕的高
    public void Paint( Graphics g, int scrWidth, int scrHeight )
    {
        int x = scrWidth;
        int y = scrHeight;
        if( m_TitleImg != null )
        {
            x = ( x - m_TitleImg.getWidth() ) / 2;
            y = ( y - m_TitleImg.getHeight() ) / 2;
            g.drawImage(m_TitleImg, x, y, 0 );
        }
    }
}
```

以后在不同的实例中，只要将标题图片命名为 title.png，并将其存放在项目的 res 子目录中，就可以直接使用 MyUI 类来管理游戏的标题画面。

流程 3　解决游戏规则难题

1. 判断棋盘中的某一位置是否可以落子

根据游戏规则可知，如果棋盘中的某一位置可以落子，那么该位置应具有以下特点：

（1）该位置是空位置，即该处没有黑子也没有白子。

（2）落子的位置可以“翻转”对方棋子，即有两个本方棋子夹住一个或多个对方的棋子。

具体的实现代码如下所述：

```
//判断某位置是否可以下棋
//参数col、row指定位置
//参数bComputer为true表示电脑（白方）下棋，为false表示游戏者（黑方）下棋
private boolean canChessDown( int col, int row, boolean bComputer )
{
    //m_GridTL是TiledLayer对象，用于存储棋盘方格
    //getCell函数可以获得TiledLayer对象第col列、第row行上的Cell编号
    //GRID_NONE是本类开头预定义的数值
    if( m_GridTL.getCell( col , row ) != GRID_NONE )
        return false;
    int type = GRID_WHITE;                          //白方下棋
    if( !bComputer )
        type = GRID_BLACK;                          //黑方下棋
    int total = 0;                                  //可消除对方棋子的个数
    //找出左方最近的同色棋子，计算两颗棋子中间的对方棋子个数
    int num = 0;
    int x = col - 1;
    while( x >= 0 )
    {
        //如果是空位，则不能消除对方棋子，退出循环
        if( m_GridTL.getCell(x, row) == GRID_NONE )
            break;
        if( m_GridTL.getCell(x, row) == type )
        {//遇到同色棋子
            total = total + num;
            break;
        }
        x --;
        num ++;
    }
    //找出右方最近的同色棋子，计算两颗棋子中间的对方棋子个数
    num = 0;
    x = col + 1;
    while( x < m_GridTL.getColumns() )
    {
        //如果是空位，则不能消除对方棋子，退出循环
        if( m_GridTL.getCell(x, row) == GRID_NONE )
            break;
        if( m_GridTL.getCell(x, row) == type )
        {//遇到同色棋子
            total = total + num;
            break;
```

```
            }
            x ++;
            num ++;
        }
        //找出上方最近的同色棋子，计算两颗棋子中间的对方棋子个数
        num = 0;
        int y = row - 1;
        while( y >= 0 )
        {
            //如果是空位，则不能消除对方棋子，退出循环
            if( m_GridTL.getCell(col, y) == GRID_NONE )
                break;
            if( m_GridTL.getCell(col, y) == type )
            {//遇到同色棋子
                total = total + num;
                break;
            }
            y --;
            num ++;
        }
        //找出下方最近的同色棋子，计算两颗棋子中间的对方棋子个数
        num = 0;
        y = row + 1;
        while( y < m_GridTL.getRows() )
        {
            //如果是空位，则不能消除对方棋子，退出循环
            if( m_GridTL.getCell(col, y) == GRID_NONE )
                break;
            if( m_GridTL.getCell(col, y) == type )
            {//遇到同色棋子
                total = total + num;
                break;
            }
            y ++;
            num ++;
        }
        //找出斜45度向上的最近的同色棋子，计算两颗棋子中间的对方棋子个数
        num = 0;
        x = col + 1;
        y = row - 1;
        while( x < m_GridTL.getColumns() && y >= 0 )
        {
            //如果是空位，则不能消除对方棋子，则退出循环
            if( m_GridTL.getCell(x, y) == GRID_NONE )
                break;
            if( m_GridTL.getCell(x, y) == type )
            {//遇到同色棋子
                total = total + num;
                break;
            }
            x ++;
```

```
        y --;
        num ++;
    }
    //找出斜45度向下的最近的同色棋子，计算两颗棋子中间的对方棋子个数
    num = 0;
    x = col - 1;
    y = row + 1;
    while( x >= 0 && y < m_GridTL.getRows() )
    {
        //如果是空位，则不能消除对方棋子，则退出循环
        if( m_GridTL.getCell(x, y) == GRID_NONE )
            break;
        if( m_GridTL.getCell(x, y) == type )
        {//遇到同色棋子
            total = total + num;
            break;
        }
        x --;
        y ++;
        num ++;
    }
    //找出斜135度向上的最近的同色棋子，计算两颗棋子中间的对方棋子个数
    num = 0;
    x = col - 1;
    y = row - 1;
    while( x >= 0 && y >= 0 )
    {
        //如果是空位，则不能消除对方棋子，则退出循环
        if( m_GridTL.getCell(x, y) == GRID_NONE )
            break;
        if( m_GridTL.getCell(x, y) == type )
        {//遇到同色棋子
            total = total + num;
            break;
        }
        x --;
        y --;
        num ++;
    }
    //找出斜135度向下的最近的同色棋子，计算两颗棋子中间的对方棋子个数
    num = 0;
    x = col + 1;
    y = row + 1;
    while( x < m_GridTL.getColumns() && y < m_GridTL.getRows() )
    {
        //如果是空位，则不能消除对方棋子，则退出循环
        if( m_GridTL.getCell(x, y) == GRID_NONE )
            break;
        if( m_GridTL.getCell(x, y) == type )
        {//遇到同色棋子
            total = total + num;
```

```
                break;
            }
            x ++;
            y ++;
            num ++;
        }
        if( total > 0 )                        //如果可“翻转”的棋子个数大于0，则返回true
            return true;
        return false;
    }
```

2. 自动“翻转”棋子

从当前棋子的位置出发，依次向上、下、左、右、左上、右上、左下、右下四方方向寻找相同的棋子，并改变两个相同棋子之间的对方棋子，就可以实现“翻转”操作。具体的实现代码如下所述：

```
//改变当前棋子周围的对方棋子
private void ChangeChess( int col, int row )
{
    int type = m_GridTL.getCell(col, row);                //当前棋子的类型
    int changeType;                                        //对方棋子的类型
    if( type == GRID_WHITE )
        changeType = GRID_BLACK;
    else if( type == GRID_BLACK )
        changeType = GRID_WHITE;
    else
        return;
    //找出左方最近的同类型的棋子，改变两颗棋子中间的棋子
    int x = col - 1;
    while( x >= 0 )
    {
        int index = m_GridTL.getCell(x, row);
        if( index != changeType )
        {
            if( index == type )
            {//如果遇到同类棋子，改变之间的对方棋子
                for( int i = x + 1; i < col; i ++ )
                {
                    m_GridTL.setCell(i, row, type);
                }
            }
            break;
        }
        x --;
    }
    //找出右方最近的同类型的棋子，改变两颗棋子中间的棋子
    x = col + 1;
    while( x < m_GridTL.getColumns() )
    {
        int index = m_GridTL.getCell(x, row);
```

```
        if( index != changeType )
        {
            if( index == type )
            {//如果遇到同类棋子，改变之间的对方棋子
                for( int i = x - 1; i > col; i -- )
                {
                    m_GridTL.setCell(i, row, type);
                }
            }
            break;
        }
        x ++;
    }
    //找出上方最近的同类型的棋子，改变两颗棋子中间的棋子
    int y = row - 1;
    while( y >= 0 )
    {
        int index = m_GridTL.getCell(col, y);
        if( index != changeType )
        {
            if( index == type )
            {//如果遇到同类棋子，改变之间的对方棋子
                for( int i = y + 1; i < row; i ++ )
                {
                    m_GridTL.setCell(col, i, type);
                }
            }
            break;
        }
        y --;
    }
    //找出下方最近的同类型的棋子，改变两颗棋子中间的棋子
    y = row + 1;
    while( y < m_GridTL.getRows() )
    {
        int index = m_GridTL.getCell(col, y);
        if( index != changeType )
        {
            if( index == type )
            {//如果遇到同类棋子，改变之间的对方棋子
                for( int i = y - 1; i > row; i -- )
                {
                    m_GridTL.setCell(col, i, type);
                }
            }
            break;
        }
        y ++;
    }
    //找出斜45度向上的最近的同类型的棋子，改变两颗棋子中间的棋子
    x = col + 1;
```

```
y = row - 1;
while( x < m_GridTL.getColumns() && y >= 0 )
{
    int index = m_GridTL.getCell(x, y);
    if( index != changeType )
    {
        if( index == type )
        {//如果遇到同类棋子，改变之间的对方棋子
            for( int i = 1; i < x - col; i ++ )
            {
                m_GridTL.setCell( col + i, row - i, type);
            }
        }
        break;
    }
    x ++;
    y --;
}
//找出斜45度向下的最近的同类型的棋子，改变两颗棋子中间的棋子
x = col - 1;
y = row + 1;
while( x >= 0 && y < m_GridTL.getRows() )
{
    int index = m_GridTL.getCell(x, y);
    if( index != changeType )
    {
        if( index == type )
        {//如果遇到同类棋子，改变之间的对方棋子
            for( int i = 1; i < col - x; i ++ )
            {
                m_GridTL.setCell( col - i, row + i, type);
            }
        }
        break;
    }
    x --;
    y ++;
}
//找出斜135度向上的最近的同类型的棋子，改变两颗棋子中间的棋子
x = col - 1;
y = row - 1;
while( x >= 0 && y >= 0 )
{
    int index = m_GridTL.getCell(x, y);
    if( index != changeType )
    {
        if( index == type )
        {//如果遇到同类棋子，改变之间的对方棋子
            for( int i = 1; i < col - x; i ++ )
            {
                m_GridTL.setCell( col - i, row - i, type);
```

```
                        }
                    }
                    break;
                }
                x --;
                y --;
            }
            //找出斜135度向下的最近的同类型的棋子，改变两颗棋子中间的棋子
            x = col + 1;
            y = row + 1;
            while( x < m_GridTL.getColumns() && y < m_GridTL.getRows() )
            {
                int index = m_GridTL.getCell(x, y);
                if( index != changeType )
                {
                    if( index == type )
                    {//如果遇到同类棋子，改变之间的对方棋子
                        for( int i = 1; i < x - col; i ++ )
                        {
                            m_GridTL.setCell( col + i, row + i, type);
                        }
                    }
                    break;
                }
                x ++;
                y ++;
            }
        }
```

流程 4　解决人工智能的难题

棋类游戏，实现人工智能的算法通常有以下三种：

1. 遍历式算法

这种算法的原理是：按照游戏规则，遍历当前棋盘布局中所有可以下棋的位置，然后假设在第一个位置下棋，得到新的棋盘布局，再进一步遍历新的棋盘布局，如果遍历到最后也不能战胜对手，则退回到最初的棋盘布局，重新假设在第二个位置下棋，继续深入遍历新的棋盘布局，这样反复地遍历，直到找到能最终战胜对手的位置。这种算法可使电脑棋艺非常高，每一步都能找出最关键的位置。然而这种算法的计算量非常大，对 CPU 的要求很高，因此它不太适合手机游戏。

2. 思考式算法

这种算法的原理是：事先设计一系列的判断条件，根据这些判断条件遍历棋盘，选择最佳的下棋位置。这种算法的程序往往比较复杂，而且只有本身棋艺很高的程序员才能制作出“高智商的电脑”。

3. 棋谱式算法

这种算法的原理是：事先将常见的棋盘局部布局存储成棋谱，然后在走棋之前只对棋盘进行一次遍历，依照棋谱选择关键的位置。这种算法的程序思路清晰，计算量也相对较小，而且

只要棋谱足够多，也可以使电脑的棋艺达到一定的高度。

本实例将采用思考式算法，电脑的判断条件如下：

（1）如果棋盘的四个角（顶点）能落子，则在四个角落子。

（2）如果棋盘的四个边上能落子，则在四个边上落子。

（3）第1条和第2条都不满足的情况下，任意找选择一个可落子的地方落子。

这里只给出以上三个判断条件，如果想提高“电脑的智商”，可以继续添加其他的判断条件。依照判断条件编写的代码如下所述：

```
public void ComputerInput( )                                    //电脑下棋
{
        int rowNum = m_GridTL.getRows();                        //棋盘总行数
        int colNum = m_GridTL.getColumns();                     //棋盘总列数
        //先查看四个端点是否可以下棋
//canChessDown方法用于判断是否可以在某位置落子
        if( canChessDown( 0, 0, true ) )
        {//如果左上角可以下棋，m_GridTL是棋盘的TiledLayer对象
            m_GridTL.setCell(0, 0, GRID_WHITE);
          //ChangeChess方法的功能是在指定位置落子
            ChangeChess(0, 0);
            return;
        }
        if( canChessDown( colNum-1, 0, true ) )                 //如果右上角可以落子
        {
            m_GridTL.setCell(colNum - 1, 0, GRID_WHITE);
            ChangeChess(colNum - 1, 0);
            return;
        }
        if( canChessDown( 0, rowNum-1, true ) )                 //如果左下角可以落子
        {
            m_GridTL.setCell(0, rowNum - 1, GRID_WHITE);
            ChangeChess(0, rowNum - 1);
            return;
        }
        if( canChessDown( colNum-1, rowNum-1, true ) )          //如果右下角可以落子
        {
            m_GridTL.setCell(colNum-1, rowNum - 1, GRID_WHITE);
            ChangeChess(colNum-1, rowNum - 1);
            return;
        }
        //再查看上下两边是否可以落子
        for( int col = 1; col < colNum - 1; col ++ )
        {
            if( canChessDown( col, 0, true ) )                  //如果上边可以落子
            {
                m_GridTL.setCell(col, 0, GRID_WHITE);
                ChangeChess(col, 0);
                return;
            }
            else if( canChessDown( col, rowNum-1, true ) )      //如果下边可以落子
            {
```

```
                    m_GridTL.setCell(col, rowNum - 1, GRID_WHITE);
                    ChangeChess(col, rowNum - 1);
                    return;
                }
            }
            //再查看左右两边是否可以落子
            for( int row = 1; row < rowNum - 1; row ++ )
            {
                if( canChessDown( 0, row, true ) )                    //如果左边可以落子
                {
                    m_GridTL.setCell(0, row, GRID_WHITE);
                    ChangeChess(0, row);
                    return;
                }
                else if( canChessDown( colNum-1, row, true ) )        //如果右边可以落子
                {
                    m_GridTL.setCell(colNum - 1, row, GRID_WHITE);
                    ChangeChess(colNum - 1, row);
                    return;
                }
            }
        //否则随便落子
            for( int col = 1; col < colNum - 1; col ++ )              //遍历棋盘的所有列
            {
                for( int row = 1; row < rowNum - 1; row ++   )       //遍历棋盘的所有行
                {
                    if( canChessDown( col, row, true ) )
                    {
                        m_GridTL.setCell(col, row, GRID_WHITE);
                        ChangeChess(col, row);
                        return;
                    }
                }
            }
    }
```

流程 5　判断玩家是否获胜的方法

判断玩家是否获胜，只需遍历棋盘，计算并比较黑子与白子的数量，当黑子数较多时玩家获胜，否则电脑获胜。具体的实现代码如下所述：

```
    //计算输赢，返回1表示游戏者（黑方）获胜，返回-1表示电脑（白方）获胜
        private int WinLost()
        {
            int nWhite = 0;                                           //白子的个数
            int nBlack = 0;                                           //黑子的个数
            //遍历棋盘，计算白子和黑子的个数
            for( int col = 0; col < m_GridTL.getColumns(); col ++ )
            {
                for( int row = 0; row < m_GridTL.getRows(); row ++ )
                {
                    if( m_GridTL.getCell(col, row) == GRID_WHITE )
```

```
                    nWhite ++;
                else if( m_GridTL.getCell(col, row) == GRID_BLACK )
                    nBlack ++;
            }
        }
        if( nWhite < nBlack )                           //黑子多，则黑方或胜
            return 1;
        return -1;
    }
```

流程 6　制作程序流程图

难点问题逐一解决之后，则可以正式开始制作游戏。与上一章游戏的制作过程相同，首先仍然需要绘制程序流程图。本实例的主程序框架中定义了三种显示状态，分别是：标题画面状态、游戏状态、结束状态。主程序的流程如图 7-7 所示：

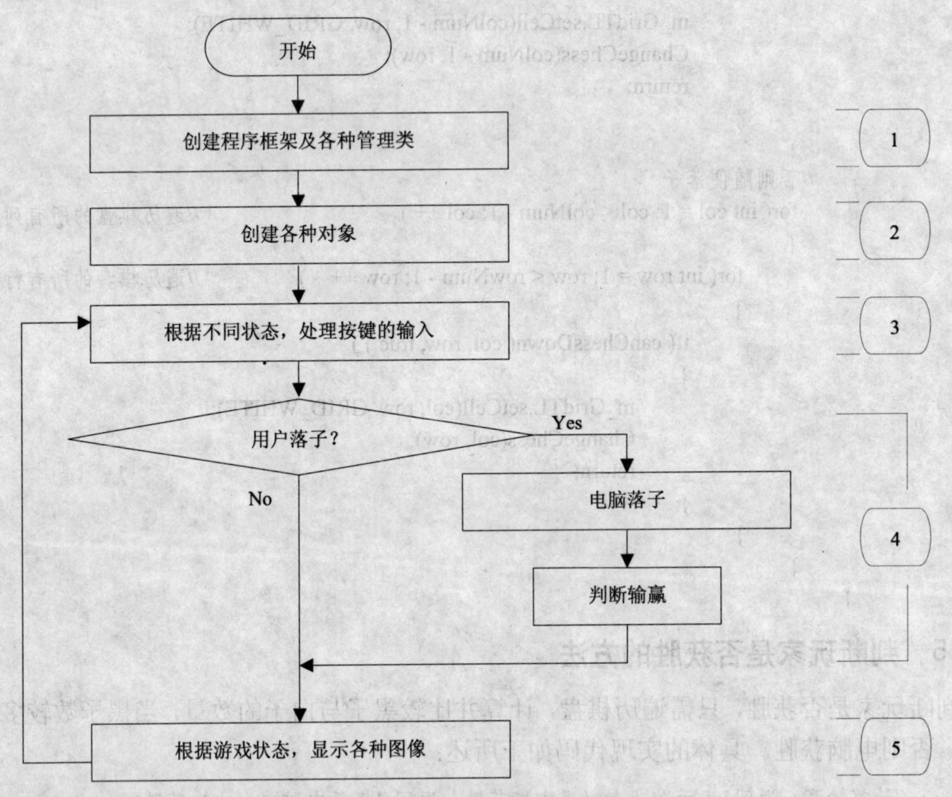

图 7-7　《黑白棋子》程序编写流程图

流程 7　编写本例代码

参照第 4 章所述方法，利用 WTK 创建 BlackWhite 项目，设置项目的 MIDlet 名称为 BlackWhiteMIDlet，并将游戏的资源文件存放到 BlackWhite 项目的 res 子目录中。

然后，在 BlackWhite 项目的 src 子目录中添加 MainCanvas.java 文件，并参照第 4 章的方法来创建本游戏的程序框架。接着在 src 目录中添加 MyUI.java 文件，文件的代码与本章 7.4 节所给出的同名类相同。

至此，已经完成程序流程图中的第（1）步。

最后，在 MainCanvas 类的各个接口中添加具体的功能代码。修改后的 MainCanvas 类代码如下所述，请参照注释进行理解。

```
import java.util.*;                                          //导入与随机数支持类
import javax.microedition.lcdui.*;                           //导入显示支持类
import javax.microedition.lcdui.game.*;                      //导入切片组层支持类
public class MainCanvas extends Canvas implements Runnable
{
    //定义游戏状态值
    public static final int GAME_UI          = 0;            //进入用户界面
    public static final int GAME_GAMING = 1;                 //进行游戏
    public static final int GAME_END         = 2;            //游戏结束
    private int m_nState                     = GAME_UI;      //存储当前的游戏状态
    //定义棋盘格子类型值
    public static final int GRID_NONE        = 1;            //没有任何棋子
    public static final int GRID_BLACK       = 2;            //黑色棋子（游戏者棋子）
    public static final int GRID_WHITE       = 3;            //白色棋子（电脑棋子）
    private TiledLayer     m_GridTL;                         //棋盘Tile
    private int        m_nCurCol;                            //最近一次黑方下棋位置的列号
    private int        m_nCurRow;                            //最近一次黑方下棋位置的行号
    private Sprite         m_TextSp;                         //结束文字
    private MyUI           m_UI;                             //界面对象
    public MainCanvas()
    {
        try
        {
            //完成程序流程图中的第2步
            m_UI = new MyUI();
            //创建图像文字
            Image img = Image.createImage("/text.png");
            m_TextSp = new Sprite(img, 82, 25);
            m_TextSp.setPosition( getWidth()/2 - 41, getHeight()/2 - 12);
            //创建棋盘
            img = Image.createImage("/grid.png");
            m_GridTL = new TiledLayer( 8, 8, img, 15, 15 );
            //设置棋盘的位置
            int x = ( getWidth() - m_GridTL.getWidth() ) / 2;
            int y = ( getHeight() - m_GridTL.getHeight() ) / 2;
            m_GridTL.setPosition(x, y);
        }
        catch (Exception ex)
        {                                                    //暂不做出错处理
        }
        Thread thread = new Thread(this);                    //新建线程，用于不断更新绘图
        thread.start();
    }
    public void run()                                        //继承Runnable所必须添加的接口
    {
        //新线程启动后，系统会自动调用此方法
        //获取系统当前时间，并将时间换算成以毫秒为单位的数
```

```
                long T1 = System.currentTimeMillis();
                long T2 = T1;
                while(true)
                {
                    T2 = System.currentTimeMillis();
                    if( T2 - T1 > 100 )                              //间隔100毫秒
                    {
                        T1 = T2;
                        //重绘图形，getWidth与getHeight可分别得到手机屏幕的宽与高
                        repaint(0, 0, getWidth(), getHeight());
                    }
                }
            }
            public void Reset()                                          //重新开局
            {
                //将棋盘的所有格子都设置为空
                for( int col = 0; col < m_GridTL.getColumns(); col ++ )
                {
                    for( int row = 0; row < m_GridTL.getRows(); row ++ )
                    {
                        m_GridTL.setCell(col, row, GRID_NONE);
                    }
                }
                //设置初始的几个棋子
                m_GridTL.setCell( 3, 3, GRID_WHITE );
                m_GridTL.setCell( 3, 4, GRID_BLACK );
                m_GridTL.setCell( 4, 3, GRID_BLACK );
                m_GridTL.setCell( 4, 4, GRID_WHITE );
                //设置当前的选择位置
                m_nCurCol = m_GridTL.getColumns() / 2;
                m_nCurRow = m_GridTL.getRows() / 2;
            }
            protected void keyPressed(int keyCode)
            {
                //完成程序流程图中的第3步
                int action = getGameAction( keyCode );
                switch( m_nState )
                {
                case GAME_UI:                                          //处于标题画面状态
                case GAME_END:                                         //处于游戏结束状态
                    if( action == Canvas.FIRE )
                    {
                        m_nState = GAME_GAMING;
                        Reset();
                    }
                    break;
                case GAME_GAMING:                                      //进入游戏
                    int n = actionInput( action );
                    if( n < 0 ){
                        m_TextSp.setFrame(1);
                        m_nState = GAME_END;
```

```
                }
                else if( n > 0 )
                {
                        m_TextSp.setFrame(0);
                        m_nState = GAME_END;
                }
                break;
        }
}
//处理按键操作，参数action为游戏动作
//返回1表示游戏者（黑方）获胜，返回-1表示电脑（白方）获胜
public int actionInput(int action)
{
        //完成程序流程图中的第4步
        //移动当前的选择位置
        if( action == Canvas.LEFT )
                m_nCurCol --;
        if( action == Canvas.RIGHT )
                m_nCurCol ++;
        if( action == Canvas.UP )
                m_nCurRow --;
        if( action == Canvas.DOWN )
                m_nCurRow ++;
        //限定选择位置的范围
        if( m_nCurCol < 0 )
                m_nCurCol = 0;
        else if( m_nCurCol >= m_GridTL.getColumns() )
                m_nCurCol = m_GridTL.getColumns() - 1;
        if( m_nCurRow < 0 )
                m_nCurRow = 0;
        else if( m_nCurRow >= m_GridTL.getRows() )
                m_nCurRow = m_GridTL.getRows() - 1;

        if( action == Canvas.FIRE )
        {//按下中心键，准备下棋
                if( canChessDown( m_nCurCol, m_nCurRow, false ) )
                {//如果该位置可以下棋
                        m_GridTL.setCell( m_nCurCol, m_nCurRow, GRID_BLACK);
                        //改变两个黑棋之前的白棋
                        ChangeChess( m_nCurCol, m_nCurRow );
                        //电脑下棋
                        ComputerInput();
                }
                //检查是否可以继续下棋
                for( int col = 0; col < m_GridTL.getColumns(); col ++ )
                {//遍历棋盘的所有列
                        for( int row = 0; row < m_GridTL.getRows(); row ++    )
                        {//遍历棋盘的所有行
                                if( canChessDown( col, row, true ) )
                                {//存在可以继续下棋的位置
                                        return 0;
```

```
                }
            }
        }
        //没有可以下棋的位置，则返回输赢
        return WinLost();
    }
    return 0;
}
protected void paint(Graphics g)
{
    g.setColor(0);                                    //设置当前色为黑色
    g.fillRect( 0, 0, getWidth(), getHeight() );      //用当前色填充整个屏幕
    //完成程序流程图中的第5步
    switch( m_nState )
    {
    case GAME_UI:                                     //显示界面
        m_UI.Paint(g, getWidth(), getHeight());
        break;
    case GAME_GAMING:                                 //显示游戏画面
        //显示棋盘及棋子
        m_GridTL.paint(g);
        //显示游戏者当前的选择位置
        int x = m_GridTL.getX() + m_nCurCol * m_GridTL.getCellWidth();
        int y = m_GridTL.getY() + m_nCurRow * m_GridTL.getCellHeight();
        g.setColor(0xffffffff);                       //设置当前色为白色
        g.drawRect(x, y, m_GridTL.getCellWidth(), m_GridTL.getCellHeight());
        break;
    case GAME_END:
        m_TextSp.paint(g);
        break;
    }
}
//判断某位置是否可以下棋
//参数col、row指定位置
//参数bComputer为true表示电脑（白方）下棋，为false表示游戏者（黑方）下棋
private boolean canChessDown( int col, int row, boolean bComputer )
{
    ……，此处代码略，与本章实例制作“流程三”中所给出的同名函数代码相同
}
//改变当前棋子周围的对方棋子
private void ChangeChess( int col, int row )
{
    ……，此处代码略，与本章实例制作“流程三”中所给出的同名函数代码相同
}
//电脑下棋
public void ComputerInput( )
{
    ……，此处代码略，与本章实例制作“流程四”中所给出的同名函数代码相同
}
//计算输赢，返回1表示游戏者（黑方）获胜，返回-1表示电脑（白方）获胜
private int WinLost()
```

```
        {
            ……，此处代码略，与本章实例制作“流程五”中所给出的同名函数代码相同
        }
    }
```

流程 8　运行并发布产品

完成代码修改并保存文件后，通过 WTK 来运行 BlackWhite 项目，在“MideaControlSkin”模拟器中的运行效果如图 7-1 所示。

本章小结

棋牌游戏就是棋类游戏和牌类游戏的总称。棋牌游戏的特点是：趣味性高，内容短小，多为回合制，竞技性强，联网时对网速要求不高。

TiledLayer 类常常用于管理游戏中的场景，使用该类可大大节省游戏资源。

人工智能就是让机器模拟人类的思维和判断方式来处理事物。棋类游戏，通常使用三种实现人工智能的算法，分别是：遍历式算法、思考式算法、棋谱式算法。

思考与练习

1. 棋牌游戏具有哪些特点？可分为哪些种类？
2. 棋牌游戏的用户群具有哪些特点？
3. 人工智能是指什么？棋类中游戏，通常哪些实现人工智能的算法。
4. 简述 TiledLayer 类的主要作用。

第八章　开发角色扮演游戏

本章内容提要

本章由4节组成。首先介绍角色扮演游戏的特点、用户群体、分类、开发要求、平台、市场潜力。接下来通过游戏《MM 冒险记》介绍角色扮演游戏开发的全部流程中的基础知识和技能。最后是小结和作业安排。

本章学习重点

- 角色扮演游戏概述
- MM 历险记游戏的制作

本章教学环境：计算机实验室

学时建议：9小时（其中讲授3小时，实验6小时）

角色扮演游戏操作简单，容易上手，故事情节曲折，是近些年最受玩家欢迎的游戏种类之一。

第一节　概述

关键点：①特点、②分类、③用户群体、④开发要求、⑤发展史。

角色扮演游戏的英文名称是 Role Play Game，简称 RPG 游戏。在 RPG 游戏中，游戏者扮演虚拟世界中的一个或者几个特定角色，并在特定场景下进行游戏。整个游戏具有完整的故事情节，而且不同的游戏情节及性能数据（例如力量、灵敏度、智力、魔法等）会使角色具有不同的能力。

一个完整的 RPG 游戏至少要有故事情节、人物、NPC 和场景四个要素。其中，NPC 就是游戏中不受游戏者操作控制的角色，它们通常为游戏中城镇或村落的商人，游戏人物通过与 NPC 的对话来进行物品交易或者获得信息。

一、角色扮演游戏的特点

1. 道具种类多

角色扮演游戏中的道具及场景很多，每种道具及场景都有特殊的作用或意义。有的 RPG 游戏需要配备道具的说明书。

2. 场景多样

角色扮演游戏中会有很多场景，每个场景都很大，并且各种场景会根据角色的位置而不断地切换。

3. 不受时间限制

角色扮演游戏的主要目的是展现故事情节，但对完成情节的时间却没有限制。

4. 需要具备记录功能

角色扮演游戏的故事情节很长，打通游戏往往需要几个甚至几十个小时。所以这类游戏必须提供记录的功能，使每次游戏都能接续上次的情节。

5. 多以对话提示来展开故事情节

角色扮演游戏中，角色通常是在与NPC的对话中了解到情节的信息。

6. 强调人物性格及故事背景的描述

RPG 游戏主要是向玩家展现故事的剧情内容，因为只有剧情的发展才能提升角色扮演的成分，并且也只有在剧情变化中才能强调角色的重要性。

二、角色扮演游戏的分类

1. 按文化特色分类

RPG 游戏具有浓厚文化特色，目前 RPG 游戏从文化圈范畴可分为三大流派：

- 中国武侠游戏

中国武侠 RPG 游戏多以中国古典神话传说，或近现代武侠小说为题材，组成元素极为丰富，如神魔、武功、门派、江湖等等。游戏通常结合爱情和中国传统道德观念，并联系真实历史人物与事件。由于游戏的内容与中国传统文化的联系极为紧密，所以较难以被西方人所理解，但在中国及受中国文化影响的地区却拥有大量的玩家。中式 RPG 游戏的代表作品有：《轩辕剑》系列、《剑侠情缘》系列、《仙剑奇侠传》系列、《金庸群侠传》、《秦殇》、《刀剑封魔录》、《刀剑外传：上古传说》、《复活：秦殇前传》等。

- 日本 RPG 游戏

日本 RPG 游戏更强调剧情推进，而且游戏中会夹杂一些视频的播放，更像是一部影视剧作品。日式 RPG 游戏的程序架构大多相对比较封闭，游戏者只能按照预先设定的模型及情节进行游戏。日式 RPG 游戏在世界范围内具有庞大的市场，代表作品有：《勇者斗恶龙》系列、《最终幻想》系列、《永恒传说》系列、《宿命传说》系列、《仙乐传说》系列、《勇敢的伊苏》系列、《圣界传说》、《塞尔达传说》、《太阁立志传》、《凡人物语》等。

- 欧美 RPG 游戏

欧美 RPG 游戏多以欧洲的古代传说为游戏背景。与中日的 RPG 游戏相比，欧美 RPG 游戏更强调开放性，游戏中通常会提供编辑功能，让游戏者可以编辑自己的故事情节。此外，欧美 RPG 游戏中常采用更多的新技术，可以说其代表了 RPG 游戏制作方面的最高水准。欧式 RPG 游戏的代表作品有：《暗黑破坏神》、《魔法门》系列、《上古卷轴》系列、《辐射》系列、《哥特王朝》系列、《冰封谷》系列、《地牢围攻》系列等。

2. 按网络技术分类

RPG 游戏，按照网络技术又可分为：单机 RPG 游戏与网络 RPG 游戏。

网络 RPG 游戏是指多人在线的角色扮演游戏，英文名称是 massively multiplayer online role playing game，简称 MMORPG。它通过互联网将世界各地的玩家聚集到一起，使玩家在虚拟的世界中扮演不同角色。

三、角色扮演游戏的用户群

角色扮演游戏的用户群往往具有以下特点：

1. 他们大多是年轻的学生。
2. 他们大多是武侠小说迷。
3. 他们的游戏时间很长，一次游戏可能连续进行几个小时。

四、角色扮演游戏的开发要求

1. 设计要求

● 增加情节分支

设计RPG游戏的故事背景时，应在一条情节主线的基础上，增加若干分支。游戏时，玩家可按照自己的想法进入不同的情节分支，这样将使游戏适合更多的人群。

● 可加入小游戏

RPG游戏中，可加入一些好玩的小游戏。例如：当角色进入赌场后，可通过投骰子之类的小游戏来赢得物品；或者当角色与小孩对话后，可进行猜拳等小游戏。增加小游戏，也就增加了游戏的耐玩度。

● 增加寻找宝物的功能

RPG游戏中，尽量在场景中藏放一些宝物，这些宝物对剧情的发展影响不大，但如果玩家无意中发现了宝物，那将是件非常快乐的事情。

2. 技术要求

角色扮演游戏的玩法基本固定，各种游戏之间只是存在故事情节的不同。因此技术员可以开发一些通用的功能模块，减少每次开发时的重复工作。

此外，角色扮演游戏中需要设计的事物也非常多。所以技术员还要制作各种工具软件，如地图编辑器、角色编辑器等，以减少策划员的工作量。

五、角色扮演游戏的发展史

最早的角色扮演游戏称为TRPG（Table Role Playing Game，桌面角色扮演游戏），它是由一种纸牌游戏发展起来的。这种纸牌游戏很简单，每个玩家都会有一副牌，根据牌上所标注的属性来判断这张牌的威力。

1.《D&D》

1974年，世界上第一部商业性角色扮演游戏《Dungeons&Dragons（龙与地下城，D&D）》开始发售。该游戏由Gygax与Arneson共同创造，Gygax还创办了著名的TSR（地窖）公司。不过时至今日，世人都尊称Gygax为“角色扮演游戏之父”，而Arneson则被游戏界遗忘。1979年，《D&D》突然销售火爆，每月的销量都达到7000份，这也使得TSR公司成为游戏界的巨人。虽然被市场认可，但《D&D》还是受到很多批评：有人说它的规则太复杂，使得新手很难理解；也有人说它的内容太简单，仅仅是英雄们进入地下城，杀掉怪物，抢走所有财宝而已。

2.《T&T》

1975 年，Ken St Andre 对《D&D》的规则进行简化，并创造出《Tunnels and Trolls（隧道与巨人，T&T）》。《T&T》中，所有操作都可只用投骰子的方式来完成。《T&T》在刚发行时非常受欢迎，在《D&D》垄断的 RPG 游戏市场中站稳了脚跟。但《T&T》还是存在很多缺点，其中的搞笑手法不禁令人觉得幼稚，因此在 80 年代初，《T&T》逐渐被人们遗忘。

3.《C&S》

1976 年，Ed Simbalist 和 Wilf Backhaus 创作了《Chivalry and Sorcery（骑士道与黑魔法，C&S)》，这是迄今为止内容最复杂的 RPG 游戏。该游戏的内容十分真实，所有的规则和游戏风格都是在模拟 12 世纪后期的法兰西斯。《C&S》所描述的是一种被遗忘了的文化与社会氛围，游戏角色将置身于各种封建礼法教条、贵族式言行规范、奴隶阶级制度之中。《C&S》的内容设定过于复杂，连主角的种族、年龄、性别、身高、体形、阵营、星座、精神健康状况、社会地位、家族排位、家庭的状况等都需要玩家进行设定，使玩家有种无助的感觉。在《C&S》中，玩家往往被错综复杂的游戏内容压得喘不过气来，因此该游戏没有获得成功，消失于 80 年代初期。

《T&T》与《C&S》的最终失败，给后人带来不少启示。角色扮演游戏，在设计上应考虑复杂性与可玩性、模拟真实性与单纯娱乐性之间的矛盾。游戏世界应尽可能稳固、详细，但同时也应保持一定的延伸空间，还要考虑玩家能否融入其中，分享到游戏的乐趣。

4. RPG《Traveller（星际漫游者）》

七十年代末到 80 年代是 RPG 游戏的鼎盛时期，RPG 游戏逐渐形成为一个完整的、独特的、革命性的游戏概念。RPG 游戏开始百花齐放，优秀的作品层出不穷。

1977 年发行的《Traveller（星际漫游者）》是科幻角色扮演游戏的经典之作。该游戏中采用随机数字来制定最初的人物属性、背景及历史，在当时的 RPG 界算得上是一次革命。

5. RPG《Bunnies & Burrows（兔子与地洞）》

其后，《Bunnies & Burrows（兔子与地洞）》的出现，则将 RPG 中的角色进行了延伸，使游戏的角色不再是人类，而是可爱的兔子。

1978 年，《符咒探险》打破了以往的 RPG 模式。游戏的技能系统简练真实，首次出现了“致命失误”和“完全成功”的概念，而且角色技能的提升不再是仅仅通过累积的经验，通过训练也可以提升技能。

6. RPG《Dragon Quest（勇者斗恶龙）》与《Ultima（创世纪）》

80 年代中期诞生的《Dragon Quest（勇者斗恶龙）》与《Ultima（创世纪）》两款游戏，成为日式 RPG 游戏的奠基者，RPG 游戏也开始从西方传到东方。《勇者斗恶龙》大大强化了 RPG 游戏的剧情交待，而《创世纪》则提出对话树的概念，为 RPG 中的信息交流和互动提供了新的表现方式。

7. 多人在线《Meridian59（子午线 59）》

90 年代中期，随着计算机互联技术的发展，新的 RPG 种类产生了，这就是 MMORPG（多人在线的角色扮演游戏）。在 MMORPG 中，玩家可以并肩作战。最早的 MMORPG 游戏是：《Meridian59（子午线 59）》，出品于 1994 年。《子午线 59》使用了 3D 界面，但由于技术等方面的因素，这款游戏没有受到足够的重视和评价。

8. 多人在线《Ulitma Online（网络创世纪）》

第一部具有影响力的 MMORPG 游戏是《Ulitma Online（网络创世纪）》，这款游戏创造了一个近乎完美的奇幻世界。

今天，MMORPG 已经形成规模，虽然也有《暗黑破坏神 II》这样优秀的单机 RPG 游戏的出现，但未来的 RPG 游戏市场必然是 MMORPG 的天下。

《勇者斗恶龙》

《创世纪》

《子午线 59》

《网络创世纪》

图 8-1　经典的 RPG 游戏

第二节　《MM 冒险记》角色扮演游戏开发

关键点：①规则、②效果、③处理、④流程、⑤操作。

接下来介绍制作一款简单的 RPG 游戏《MM 历险记》，麻雀虽小，不过五脏俱全，本游戏已经具备了 RPG 游戏的所有必备要素。

一、操作规则

本游戏中的各种 RPG 要素如下所述：

1. 故事情节：一个 MM 被困在洞穴里，她不懈努力，最终逃出了洞穴。

2. 人物：MM，她是游戏者控制的角色。在游戏中，可使用方向键移动 MM，当 MM 碰到 NPC 时就自动与 NPC 对话，屏幕上将显示对话的内容。

3. NPC：游戏中设置了两个 NPC，MM 通过与他们对话，可知道洞穴的出口。

4. 场景：本游戏共有两个场景，分别是洞穴的上层和下层。MM 可通过阶梯从洞穴的一层进入另外一层。每层场景中都有阶梯、泥地和石头等区域，其中，有石头的区域被设置成 MM 不可以通过的区域。

二、本例效果图

本例运行实际效果见图 8-2。

图 8-2 《MM 冒险记》运行效果图

三、资源文件的处理

本例所需的资源文件有：标题图片（title.png）、场景图片（map.png）、主角（MM.png）及 NPC 图片（NPC.png），所有图片的规格如图 8-3 所示。

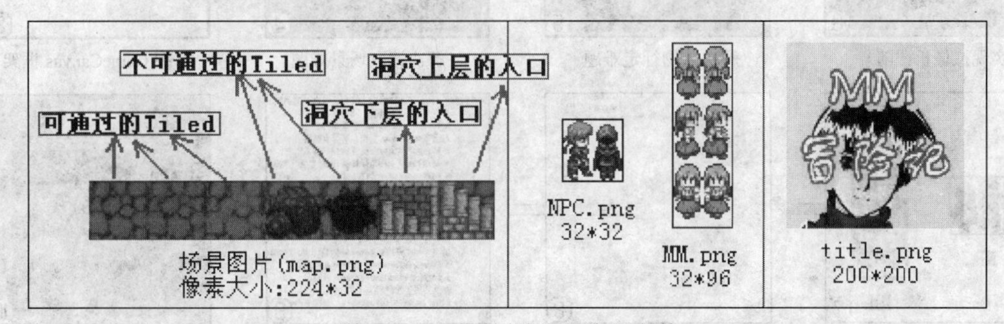

图 8-3 《MM 冒险记》资源文件

此外，本例将使用 TiledLayer 对象来管理场景，而且将洞穴上下层场景中各单元的取值分别存放于两个文本文件中，如图 8-4 所示。进入某个场景时，程序动态地读取对应的文件并装入单元数值。这样策划员就可通过修改文本文件来更改场景布局了。

map0.txt - 记事本

文件(F) 编辑(E) 格式(O) 查看(

```
4,4,4,4,4,4,4,4,4,4
4,1,1,2,3,2,1,3,2,4
4,2,3,1,2,3,4,2,3,4
4,3,1,2,3,4,5,5,5,4
4,3,1,3,3,7,1,2,1,4
4,3,1,2,3,1,3,1,2,4
4,2,2,2,3,1,3,1,2,4
4,1,1,2,3,1,3,3,2,4
4,2,5,2,3,1,3,3,3,4
4,4,4,4,4,4,4,4,4,4
```

（a）map0.txt 存放下层场景单元的取值

map1.txt - 记事本

文件(F) 编辑(E) 格式(O) 查看(

```
4,4,4,4,4,4,4,4,4,4
4,3,1,2,3,2,1,3,2,4
4,1,3,1,2,3,4,2,3,4
4,3,5,2,3,4,1,1,1,4
4,3,5,3,3,6,1,2,1,4
4,3,5,2,3,1,3,1,2,4
4,2,2,2,3,1,3,1,2,4
4,1,1,2,3,1,3,3,2,4
4,2,5,2,3,1,3,3,3,4
4,4,4,4,4,4,4,4,4,4
```

（b）map1.txt 存放上层场景单元的取值

图 8-4 《MM 冒险记》 地图文件

四、开发流程（步骤）

本例的开发分为 10 个流程：①掌握文件读写方法、②掌握层管理器理论、③掌握 GameCanvas 框架、④解决读取场景难题、⑤解决人物行走难题、⑥实现摄像机跟随、⑦确定游戏对象、⑧绘制程序流程、⑨编写实例代码、⑩运行并发布产品，见图 8-5 所示。

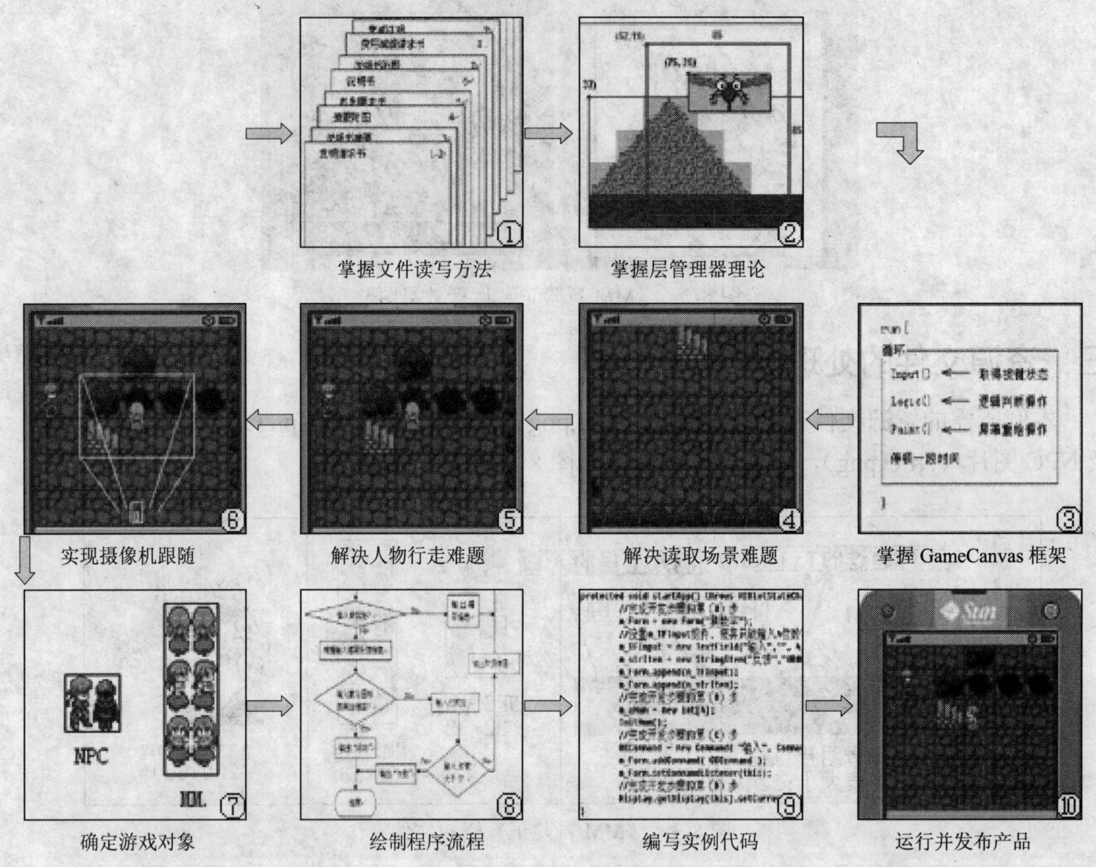

图 8-5 《MM 冒险记》的程序开发流程图

五、具体操作

流程 1 掌握文件读写方法

本游戏需要读取文件，而且由于游戏中的图层较多（如精灵层、NPC 层、地图层等等），游戏程序中将使用一个管理器来统一管理所有的图层。

此外，本游戏将基于 GameCanvas 类来搭建程序框架。GameCanvas 类的使用方法和 Canvas 类相似，只是在处理键盘输入与绘图操作时更加灵活。

1. 文件的操作

如果游戏中的某些数据（如地图信息数据），需要动态地读取，可将这些数据事先存储在某个文件中，游戏运行时再根据需要进行读取。J2ME 中通常使用 InputStream 和 DataInputStream 两个类来读取文件。

- 使用 InputStream 类读取文件

使用 InputStream 类读取文件的具体方法如下：

```
try
{
	/**********第1步，创建InputStream对象*******/
	//map0.txt是文件名，该文件存储在项目的res子目录内
	InputStream is = getClass().getResourceAsStream("/map0.txt");

	/**********第2步，读取数据*****************/
	//read方法只能读取1个字节的数据
	int ch = is.read();//返回int型变量(占4个字节)，但变量只存储1个字节的数据
	while( ch != -1 )                //当读到文件末尾时，返回-1
	{
		……                         //此处可添加一些处理方法
		ch = is.read();              //一个字节一个字节地读取
	}
	/**********第3步，释放资源*****************/
	is.close();
}
catch( IOException e )
{
}
```

上面代码中的第 2 步还有另一种实现方法：

```
/**********第2步，读取数据*****************/
byte b[] = new byte[1024];          //设定足够大小的空间
int total = is.read( b );           //一次性将所有数据都读完，并返回所读字节数
……                                  //利用数组b进行数据的操作
```

- 使用 DataInputStream 类读取文件

DataInputStream 类是 InputStream 类的派生类，InputStream 类只能按字节读取文件数据，而 DataInputStream 类则有多种读取方式。使用 DataInputStream 类读取文件数据的具体方法如下：

```
try
{
	/**********第1步，创建DataInputStream对象****/
	//map0.txt是文件名，该文件存储在项目的res子目录内
	InputStream is = getClass().getResourceAsStream("/map0.txt");
	DataInputStream dis = new DataInputStream( is );
	/**********第2步，按照指定方式读取数据******/
	char ch = dis.readChar();        //读取一个Unicode字符
	……                              //也可以用其他方式读取数据
	/**********第3步，释放资源*****************/
	//注意关闭的先后顺序
	dis.close();
	is.close();
}
catch( IOException e )
{
}
```

DataInputStream 类提供了多种方法，用于以不同的方式读取文件数据，表 8-1 中列出了该类中常用的读取数据的方法。

表 8-1　DataInputStream 类的常用方法

方法名及返回值	功能
int read()	读取 1 个字节的数据，将数据转换成 int 型数值。
boolean readBoolean()	读取 1 个字节的数据，如果该数据值为 0 返回 false，否则返回 true。
byte readByte()	读取 1 个字节的数据。
char readChar()	以 Unicode 编码形式读取数据，即读取 2 个字节的数据，将数据转换成 Unicode 字符。
double readDouble()	读取 8 个字节的数据，将数据转换成 double 型数值。
float readFloat()	读取 4 个字节的数据，将数据转换成 float 型数值。
int readInt()	读取 4 个字节的数据，将数据转换成 int 型数值。
long readLong()	读取 8 个字节的数据，将数据转换成 long 型数值。
short readShort()	读取 2 个字节的数据，将数据转换成 short 型数值。
String readUTF()	读取按 UTF-8 编码的字符串。

流程 2　掌握层管理器（LayerManager）理论

在本书第 5 章曾讲解过图层（Layer）的概念。实际上 Sprite 与 TiledLayer 都是 Layer 的派生类。在游戏程序中，利用显示的先后顺序可以调整各个图层的前后关系，对各图层进行管理。

J2ME 也提供了专门的类来管理各个层，这个类就是 LayerManager。在实际程序中，可把一些层都添加到 LayerManager 中，这样就相当于把这些层编成了一组。LayerManager 按照添加的顺序维护着一个层的索引表，第一个添加层的索引为 0，第二个添加的层索引为 1，依此类推。这个索引表相当于各个层的远近顺序表，层的索引值越小则表示它离屏幕的距离越短。

LayerManager 对象的使用步骤如下所述：

```
/**********第1步，创建LayerManager对象****/
//m_LManager是LayerManager类对象
m_LManager = new LayerManager();
/**********第2步，将各个图层添加到LayerManager对象中****/
//m_MySprite是精灵对象，m_TLayer是切片组层对象
m_LManager.append( m_MySprite );
m_LManager.append( m_TLayer );
/**********第3步，在主程序的paint函数中，显示LayerManager对象****/
protected void paint( Graphics g )
{
    ……
//调用LayerManager的paint方法来显示所有图层的图像
//参数0,0表示从屏幕（0，0）点开始显示图像
    m_LManager.paint( g, 0, 0 );
}
}
```

LayerManager 类还提供了如下所述的方法，用于设置图像的显示区域：

```
public void setViewWindow(int x, int y, int width, int height)
```

假设在游戏中，各个层的图像及其位置如图 8-6 所示。

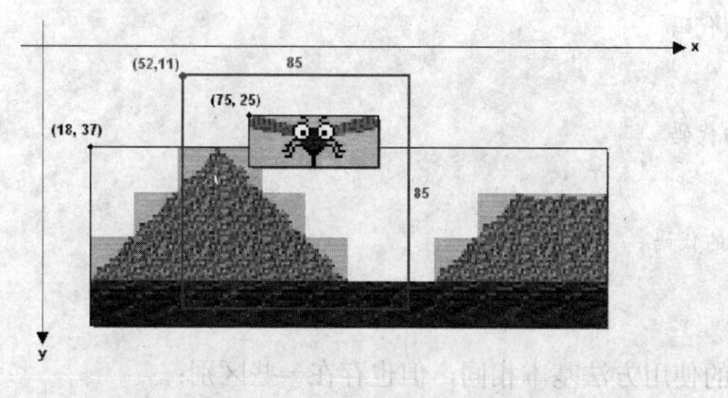

图 8-6　各图层的位置

图 8-7　显示效果

把这些层交给 LayerManager 管理，那么当调用 LayerManager 的 setViewWindow（52, 11, 85, 85）方法后，最终在手机上显示的是图 8-6 中间线框内的部分，显示效果如图 8-7。

流程 3　掌握 GameCanvas 程序框架

为方便游戏开发，MIDP2.0 又提供了 GameCanvas 类，该类从 Canvas 类派生。在基于 GameCanvas 类的程序框架中，不但可以直接调用 Canvas 类的原有方法，还可以使用一些更方便游戏开发的方法。

以下代码是最基本的 GameCanvas 框架，请结合注释来理解：

```
public class MainCanvas extends GameCanvas implements Runnable
{
    //该处可定义变量及其他对象
    public MainCanvas()
    {
        super(true);                    //注意：与Canvas框架不同，这里的super需要参数
        //该处可对变量或对象进行初始化
        Thread thread = new Thread(this);           //新建线程，用于不断更新屏幕画面
        thread.start();                             //启动新线程
    }
    public void run()                               //新线程自动调用此方法
    {
        //获取系统当前时间，并将时间换算成以毫秒为单位的数
        long T1 = System.currentTimeMillis();
        long T2 = T1;
        while(true)
        {
            T2 = System.currentTimeMillis();
            if( T2 - T1 > 100 )                         //间隔100毫秒
            {
                T1 = T2;
                Input();
                Logic();
                Paint();
```

```
                    }
                }
            }
            public void Input(){
                //此处可添加输入处理的代码
            }
            public void Logic(){
                //此处可添加逻辑判断的代码
            }
            protected void Paint(){
                //此处可添加显示图像的代码
            }
        }
```

GameCanvas 框架与 Canvas 框架的使用方法基本相同，但也存在一些区别：

1. 按键的响应方式不同

（a）在 Canvas 框架中，当按键被按下时，JVM（Java 虚拟机）调用 keyPressed()方法，这样很容易明白按键的状态，这种按键的处理方法被称为事件驱动。但此方法存在一定的弊端，即从按键被按下到 keyPressed()方法被执行，这之间存在时间滞留的现象，特别是当循环里的绘图操作很复杂时，这种滞留现象就会更明显。

（b）在 GameCanvas 框架中，程序可直接获得当前按键的状态。例如，要获得当前按键的状态，可在 Input()方法内添加类似下面的代码：

```
public void Input()
{
        int keyStates = getKeyStates();                         //……………… (1)
        if( ( keyStates & GameCanvas.UP_PRESSED ) != 0 )         //……………… (2)
            ……                      //当发生游戏动作UP时
      if( ( keyStates & GameCanvas.DOWN_PRESSED ) != 0 )   //……………… (3)
            ……                      //当发生游戏动作DOWN时
}
```

其中，getKeyStates()方法可获得当前按键的状态。而通过上面第（2）、（3）行语句的判断，便可知道当前发生了哪些游戏动作。其中 UP_PRESSED 与 DOWN_PRESSED 都是 GameCanvas 定义的用于判断按键状态的静态变量，表 8-2 列出了所有的按键状态变量以及与其对应的游戏动作。游戏动作的概念请参考本书第 4 章的讲解。

表 8-2　各种按键状态

按键状态变量	对应游戏动作	按键状态变量	对应游戏动作
UP_PRESSED	UP	DOWN_PRESSED	DOWN
LEFT_PRESSED	LEFT	RIGHT_PRESSED	RIGHT
GAME_A_PRESSED	GAME_A	GAME_B_PRESSED	GAME_B
GAME_C_PRESSED	GAME_C	GAME_D_PRESSED	GAME_D
FIRE_PRESSED	FIRE		

在 GameCanvas 框架的 run 方法中，循环调用 Input 方法，就可每隔一段时间对按键状态进行一次检测。只要间隔时间控制好，一般就不会产生按键响应滞留的现象。

2. 绘图操作不同

（a）与按键检测方式相同，Canvas 框架也是通过 JVM（Java 虚拟机）来控制屏幕刷新操作的。但如果刷新图像操作很复杂，使得上一次刷新还未完成时，新的刷新操作又开始了，这样会造成屏幕图像的闪烁。

（b）在 GameCanvas 框架中，程序可直接取得当前屏幕缓冲。这样，就可以先在屏幕缓冲上绘制图像，然后再将屏幕缓冲的内容显示到真正的手机屏幕上。这种方法可以有效地避免屏幕画面闪烁的现象。具体的实现方法是在 Paint()方法内添加类似下面的代码：

```
public void Paint()
{
Graphics g = getGraphics();
……        //g就是屏幕图像的缓冲，此处可添加绘图操作的代码
    flushGraphics();
}
```

上面代码中，getGraphics()方法可取得当前的屏幕缓冲，该方法由 Graphics 类定义，本章前面也已经讲解了 Graphics 类的使用方法。flushGraphics()方法是将当前屏幕缓冲的图像显示到真正的手机屏幕上去。

在 GameCanvas 框架的 run()方法中，循环调用 Paint()方法，就可以实现每隔一定时间对屏幕进行重绘，即刷新屏幕图像。

3. 程序流程不同

在 GameCanvas 框架中，新线程启动后会自动调用 run()方法，并在该方法内循环调用 Input()、Logic()与 Paint()三种方法，可在这些方法内实现按键检测及屏幕刷新等操作。具体流程如图 8-8 所示。

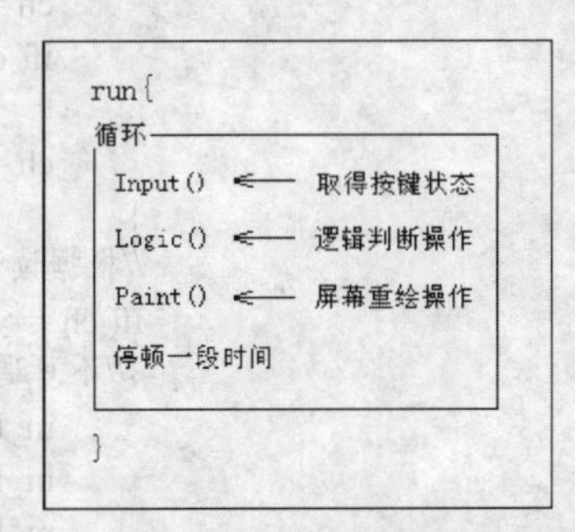

图 8-8　GameCanvas 框架的程序流程

专业指点：本例制作难点

制作本游戏之前，先了解该游戏的制作难点及解决各个难点的方法。

本游戏的制作过程中会遇到以下几个难点：

- 如何读取场景文件
- 场景中有些单元 MM 是不可通过的，应如何保证 MM 在场景中正确地“行走”？
- 如何实现“摄像机跟随”。

“摄像机跟随”是 RPG 游戏常用的一种技术，可以这样对它进行理解：首先，我们把屏幕上显示的图像当成是某个摄像机拍摄下来的。如果在拍摄时，不管主角如何运动，摄像机镜头永远对准主角，那么最终显示在屏幕上的效果会是什么样呢？那就是主角永远在屏幕的中心，而周围的场景会随着主角的运动而变化。

- 本游戏中存在着多种对象，确定对象之间的关系是本实例制作的难点之一。

流程 4　解决读取场景难题

读取场景文件

利用 InputStream 类，可用于读取文件，具体过程如下所述：

首先，创建一个和所读文件有关的 InputStream 实例

```
InputStream is = getClass().getResourceAsStream("/map0.txt");    //map0.txt是文件名
```

然后，反复调用 InputStream 的 read()方法，每次都从文件中读取 1 个字节的数据。

```
int ch = is.read();                 //返回类型虽为int型，但却只读取一个字节的数据
while( ch != -1 )                   //当读到文件末尾时，返回-1
{
……                                  //此处可添加一些处理方法
ch = is.read();                     //一个字节一个字节地读取
    }
```

掌握了读文件的方法后，应该很容易理解下面读取场景的代码：

```
private void LoadScene( InputStream is )
{
    try
    {
        int ch = -1;
        for( int nRow = 0; nRow < 10; nRow ++ )
        {
            for( int nCol = 0; nCol < 10; nCol ++ )
            {
                ch = -1;
                while( ( ch < 0 || ch > 7 ) )
                {
                    ch = is.read();
                    if( ch == -1 )
                        return;
                    ch = ch - '0';
                }
                //根据读到的数值，设置各个TiledLayer的内容
                if( ch == 4 || ch == 5 )
                {//不可通过的区域
                    m_LyPass.setCell( nCol, nRow, 0 );
                    m_LyNotPass.setCell( nCol, nRow, ch );
                    m_LyJump.setCell( nCol, nRow, 0 );
                }
                else if( ch == 6 || ch == 7 )
                {//跳转场景的区域
                    m_LyPass.setCell( nCol, nRow, 0 );
                    m_LyNotPass.setCell( nCol, nRow, 0 );
                    m_LyJump.setCell( nCol, nRow, ch );
                }
                else
                {//可通过的区域
                    m_LyPass.setCell( nCol, nRow, ch );
                    m_LyNotPass.setCell( nCol, nRow, 0 );
                    m_LyJump.setCell( nCol, nRow, 0 );
                }
            }
        }
    }
```

```
        catch (IOException e)
        {
        }
    }
```

上面代码中，m_LyPass、m_LyNotPass、m_LyJump 是三个 TiledLayer 类的实例，分别管理场景中 MM 可通过的区域、MM 不可通过的区域以及其他场景入口，具体请参考本章后面关于“保证 MM 正确行走的方法”的讲解。

流程 5　解决人物行走难题

保证 MM 正确地“行走”

保证 MM 在场景中正确地“行走”，采用的办法是：将场景中 MM 可通过的区域、不可通过的区域、其他场景的入口区域分别用三个 TiledLayer 对象来管理；每次 MM“行走”后，都让 MM 与后两类区域进行碰撞检测，如果发生碰撞，则让 MM 退回原处或进入下一个场景。具体代码如下：

```
public void CollidesWidth( Actor mActor, Npc mNpc )
{
        //Actor是Sprite的派生类，用于管理MM的各种行为
        //Npc也是Sprite的派生类，用于管理NPC的各种行为
        //利用Sprite类的collidesWidth方法进行碰撞检测，参考第7章
        if( mActor.collidesWith( m_LyJump, false ) ) //走到了其他场景的入口
        {
            mActor.MoveBack();                           //让MM后退
            if( m_nCurIndex == 0 )                       //m_nCurIndex是当前场景的编号
                EnterScene( 1, mActor, mNpc );           //进入1号场景，即洞穴上层
            else
                EnterScene( 0, mActor, mNpc );           //进入0号场景，即洞穴下层
        }
        else if( mActor.collidesWith( m_LyNotPass, false ) )  //走到了不能通过的区域
        {
            mActor.MoveBack();                           //让MM后退
        }
}
```

代码中出现 MoveBack、EnterScene 两个方法，方法的内容请参考本章后面 Actor 类和 Scene 类的代码。

流程 6　实现摄像机的跟随

“摄像机跟随”的实现方法

“摄像机跟随”，可通过设置 LayerManager 对象的可视区域来解决，具体的实现代码如下所述：

```
private void SetViewWindow()                             //设置可视区域
{
        int nX = m_Actor.getRefPixelX() - getWidth()/2;
        int nY = m_Actor.getRefPixelY() - getHeight()/2;
        if( nX < 0 )
```

```
            nX = 0;
        else if( nX > m_Scene.GetWidth() - getWidth() )
            nX = m_Scene.GetWidth() - getWidth();
        if( nY < 0 )
            nY = 0;
        else if( nY > m_Scene.GetHeight() - getHeight() )
            nY = m_Scene.GetHeight() - getHeight();
        m_Manager.setViewWindow( nX, nY, getWidth(), getHeight() );
    }
```

流程 7　确定游戏对象

1. 确定对象之间的关系

游戏中存在 MM、NPC 及场景三种对象，各种对象之间的关系如下：

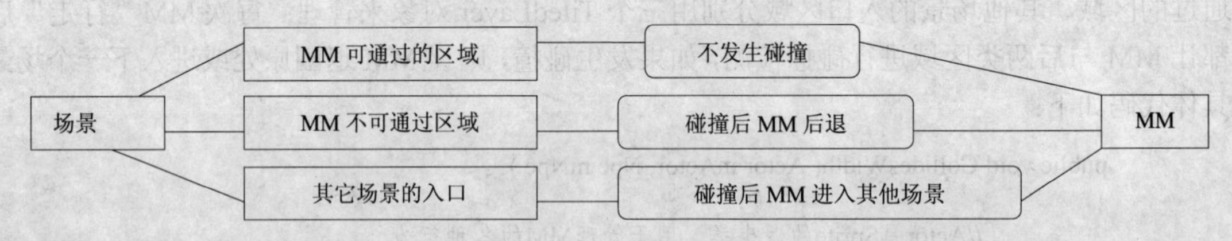

（a）可把场景分为：MM 可通过的区域、MM 不可通过的区域及其他场景入口等三个部分，MM 走到各个区域时应进行相应的处理。

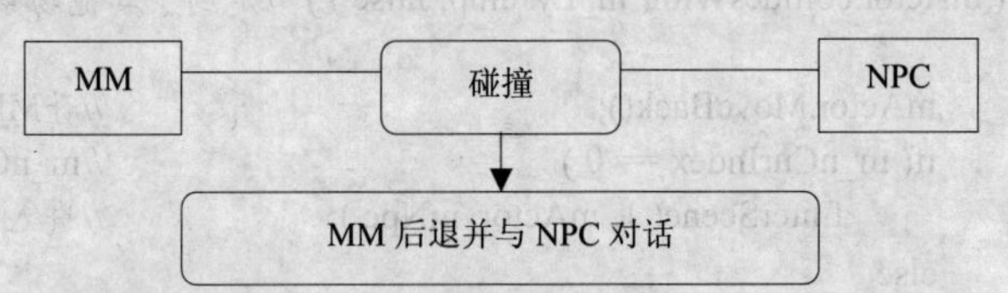

（b）MM 与 NPC 碰撞后，MM 后退，并与 NPC 进行对话。

根据游戏中存在的对象以及各个对象之间的关系，可以定义 Actor、Npc 和 Scene 三个类来分别管理 MM、NPC 及场景等三种对象，各种管理类的关系如图 8-9 所示。

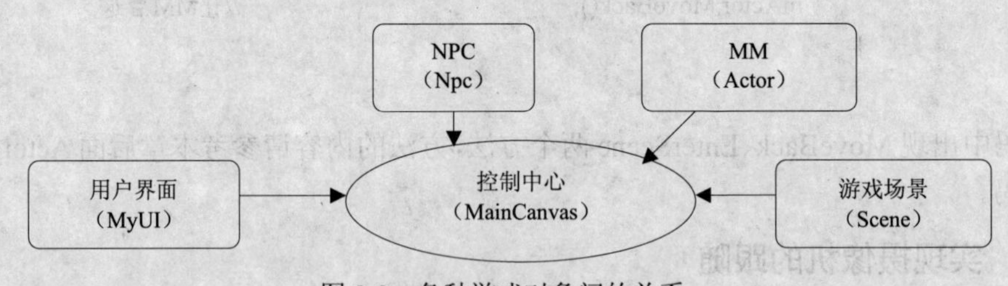

图 8-9　各种游戏对象间的关系

各个类的具体代码如下所述：

2. Actor 类

```
import javax.microedition.lcdui.*;
import javax.microedition.lcdui.game.*;
public class Actor extends Sprite
{
    private int m_nLastMoveX;                          //上次移动的X距离
```

```
private int m_nLastMoveY;                                    //上次移动的Y距离
Actor(Image image, int frameWidth, int frameHeight)
{
        super(image, frameWidth, frameHeight);
}
public void Input( int keyStates )                           //处理按键输入
{
        int nFrame = getFrame();
        if( ( keyStates & GameCanvas.UP_PRESSED ) != 0 )     //向上运动
        {
        Move( 0, -1 );
                nFrame ++;
                if( nFrame > 1 || nFrame < 0 )
                        nFrame = 0;
                setFrame( nFrame );
                setTransform( TRANS_NONE );
        }
        else if( ( keyStates & GameCanvas.RIGHT_PRESSED ) != 0 )     //向右运动
        {
        Move( 1, 0 );
                nFrame ++;
                if( nFrame > 3 || nFrame < 2 )
                        nFrame = 2;
                setFrame( nFrame );
                setTransform( TRANS_NONE );
        }
        else if( ( keyStates & GameCanvas.DOWN_PRESSED ) != 0 )      //向下运动
        {
        Move( 0, 1 );
                nFrame ++;
                if( nFrame > 5 || nFrame < 4 )
                        nFrame = 4;
                setFrame( nFrame );
                setTransform( TRANS_NONE );
        }
        else if( ( keyStates & GameCanvas.LEFT_PRESSED ) != 0 )      //向左运动
        {
        Move( -1, 0 );
                nFrame ++;
                if( nFrame > 3 || nFrame < 2 )
                        nFrame = 2;
                setFrame( nFrame );
                setTransform( TRANS_MIRROR );
        }
}
//移动MM，参数nX、nY分别是移动的X、Y距离
private void Move( int nX, int nY )
{
        m_nLastMoveX = nX;
        m_nLastMoveY = nY;
        setRefPixelPosition( getRefPixelX() + nX, getRefPixelY() + nY );
```

```
    }
    public void MoveBack()                                    //使MM向后退
    {
        Move( -m_nLastMoveX, -m_nLastMoveY );
        m_nLastMoveX = 0;
        m_nLastMoveY = 0;
    }
}
```

3. NPC 类

```
import javax.microedition.lcdui.*;
import javax.microedition.lcdui.game.*;
public class Npc extends Sprite
{
    public boolean m_bDialog = false;                         //是否正在对话
    private String m_strText = null;                          //对话的文字
    private long m_nDialogStartTime = 0;                      //对话开始的时间
    Npc(Image image, int frameWidth, int frameHeight)
    {
        super(image, frameWidth, frameHeight);
    }
    public void SetText( String strText )                     //设置对话的文字
    {
        m_strText = null;
        m_strText = new String(strText);
    }
    public void DialogStart()                                 //开启对话
    {
        m_nDialogStartTime = System.currentTimeMillis();
        m_bDialog = true;
    }
    public void Logic()                                       //逻辑操作
    {
        if( !m_bDialog )
            return;
        long lTime = System.currentTimeMillis();
        if( lTime - m_nDialogStartTime > 3000 )
            m_bDialog = false;
    }
    public void DrawText( Graphics g, int nWidth, int nHeight )    //显示对话文字
    {
        if( !m_bDialog )
            return;
        g.setColor( 0 );
        g.fillRect(   0, nHeight - 30, nWidth, 30 );
        g.setColor( 0xffffff );
        g.drawRect(   0, nHeight - 30, nWidth - 1, 29 );
        g.drawString( m_strText, 10, nHeight - 25,
                Graphics.TOP|Graphics.LEFT);
    }
}
```

4. Scene 类

```
import java.io.*;
import javax.microedition.lcdui.*;
import javax.microedition.lcdui.game.*;
public class Scene
{
    public int m_nCurIndex;
    private TiledLayer m_LyPass;                              //可通过的区域
    private TiledLayer m_LyNotPass;                           //不可通过的区域
    private TiledLayer m_LyJump;                              //跳转场景的区域
    Scene( )
    {
        try
        {
            //读取tile图像
            Image image = Image.createImage("/map.png");
            m_LyPass = new TiledLayer( 10, 10, image, 32, 32 );
            m_LyNotPass = new TiledLayer( 10, 10, image, 32, 32 );
            m_LyJump = new TiledLayer( 10, 10, image, 32, 32 );
        }
        catch (IOException e){}
    }
    //将各图层加入到层管理器
    public void AppendToManager( LayerManager mManager )
    {
        mManager.append( m_LyPass );
        mManager.append( m_LyNotPass );
        mManager.append( m_LyJump );
    }
    //进入指定场景
    //nIndex是场景的编号，mActor、nNpc分别是MM和NPC对象
    public void EnterScene( int nIndex, Actor mActor, Npc mNpc )
    {
        m_nCurIndex = nIndex;
        InputStream is = null;
        switch( nIndex )                    //根据场景，设置MM和NPC的位置及图像
        {
        case 0:
            is = getClass().getResourceAsStream("/map0.txt");
            mActor.setRefPixelPosition( 150, 150 );
            mNpc.setFrame( 0 );
            mNpc.SetText( "洞穴上层有个人知道出口！" );
            mNpc.setRefPixelPosition( 130, 120 );
            break;
        default:
            is = getClass().getResourceAsStream("/map1.txt");
            mActor.setRefPixelPosition( 200, 160 );
            mNpc.setFrame( 1 );
            mNpc.SetText( "洞穴出口在下层的右下角。" );
            mNpc.setRefPixelPosition( 150, 50 );
            break;
        }
        LoadScene( is );                                      //读取场景
```

```
    }
    public int GetWidth()                                    //获取场景的宽度
    {
        return m_LyPass.getWidth();
    }
    public int GetHeight()                                   //获取场景的高度
    {
        return m_LyPass.getHeight();
    }
    private void LoadScene( InputStream is )                 //读取场景文件
    {
        ……，此处代码略，与前面“流程四”中所给出的同名函数代码相同
    }
    //检测MM和场景及NPC的碰撞
    public void CollidesWidth( Actor mActor, Npc mNpc )
    {
        ……，此处代码略，与前面“流程五”中所给出的同名函数代码相同
    }
}
```

流程 8 制作程序流程图

难点问题逐一解决之后，则可以正式开始制作游戏。与上一章游戏的制作过程相同，首先仍然需要绘制程序流程图。本例的主程序框架中定义了三种显示状态，分别是：标题画面状态、游戏状态、结束状态。主程序的流程如图 8-10 所示：

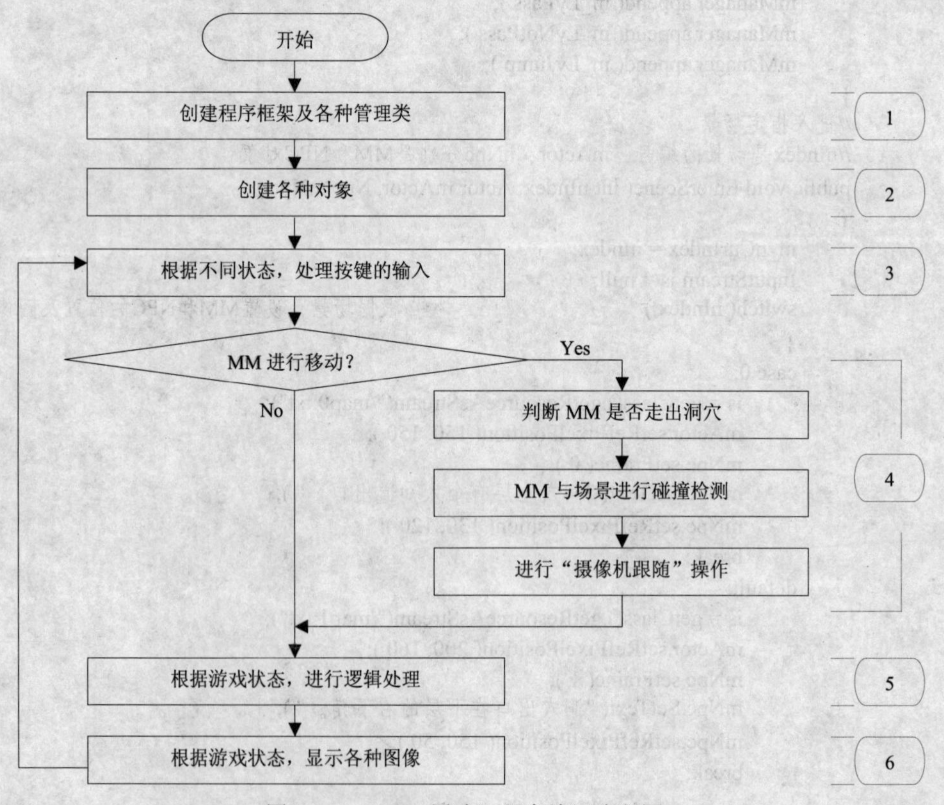

图 8-10 《MM 冒险》程序编写流程图

流程 9 编写代码

参照第 4 章所述方法，利用 WTK 创建 MMRpg 项目，设置项目的 MIDlet 名称为 MMRpgMIDlet，并将游戏的资源文件存放到 MMRpg 项目的 res 子目录中。

然后，在 BlackWhite 项目的 src 子目录中添加 MainCanvas.java 文件，并参照第 4 章的方法来创建本游戏的程序框架。接着在 src 目录中添加 MyUI.java、Scene.java、Actor.java、Npc.java 等几个文件，其中 MyUI 类的代码与上一章 7.4 节所给出的同名类相同，其余类的代码与本章 8.4 节所给出的同名类相同。

至此，已经完成程序流程图中的第（1）步操作。

最后，在 MainCanvas 类的各个接口中添加具体的功能代码。修改后的 MainCanvas 类代码如下所述，请参照注释进行理解。

```
import java.util.*;                                          //导入与随机数支持类
import java.io.*;                                            //导入输入输出支持类
import javax.microedition.lcdui.*;                           //导入显示支持类
import javax.microedition.lcdui.game.*;                      //导入游戏画布支持类
public class MainCanvas extends GameCanvas implements Runnable
{
    //定义游戏状态值
    public static final int GAME_UI         = 0;             //进入用户界面
    public static final int GAME_GAMING = 1;                 //进行游戏
    public static final int GAME_END        = 2;             //游戏结束
    private int m_nState    = GAME_UI;                       //存储当前的游戏状态
    private MyUI     m_UI;                                   //界面对象
    private LayerManager m_Manager;                          //层管理器对象
    private Actor m_Actor;                                   //MM对象
    private Npc m_Npc;                                       //NPC对象
    private Scene m_Scene;                                   //场景对象
    public MainCanvas()
    {
        super(true);
        try
        {
            //完成程序流程图中的第（2）步操作
            m_UI = new MyUI();                           //创建界面对象
            //读取MM及NPC的精灵图像
            Image image = Image.createImage("/MM.png");
            m_Actor = new Actor( image, 16, 32 );
            m_Actor.defineCollisionRectangle( 0, 16, 16, 16 );
            m_Actor.defineReferencePixel( 8, 24 );
            image = Image.createImage("/NPC.png");
            m_Npc = new Npc( image, 16, 32 );
            m_Npc.defineCollisionRectangle( 0, 16, 16, 16 );
            m_Npc.defineReferencePixel( 8, 24 );
            //创建场景
            m_Scene = new Scene();
            //创建层管理器
            m_Manager = new LayerManager();
        }
```

```
            catch (IOException e)
            {
            }
            Thread thread = new Thread(this);                    //新建线程，用于不断更新绘图
            thread.start();
        }
        private void Reset()                                     //游戏复位时调用此函数
        {
            m_Manager.append( m_Actor );
            m_Manager.append( m_Npc );
            m_Scene.AppendToManager( m_Manager );
            m_Scene.EnterScene( 0, m_Actor, m_Npc );
            //设置可视区域
            SetViewWindow();
        }
        public void run()                                        //继承Runnable所必须添加的接口
        {
            //获取系统当前时间，并将时间换算成以毫秒为单位的数
            long T1 = System.currentTimeMillis();
            long T2 = T1;
            while(true)
            {
                T2 = System.currentTimeMillis();
                if( T2 - T1 > 100 )                              //间隔100毫秒
                {
                    T1 = T2;
                    Input();
                    Logic();
                    Paint();
                }
            }
        }
        public void Input()
        {
            //完成程序流程图中的第（3）步操作
            int keyStates = getKeyStates();
            switch( m_nState )
            {
            case GAME_UI:                                        //处于标题画面状态
            case GAME_END:                                       //处于游戏结束状态
                if( ( keyStates & GameCanvas.FIRE_PRESSED ) != 0 )
                {
                    m_nState = GAME_GAMING;
                    Reset();                                     //游戏复位
                }
                break;
            case GAME_GAMING:
                if( !m_Npc.m_bDialog )
                {
                    m_Actor.Input( keyStates );
                    //完成程序流程图中的第（4）步操作
```

```
                    if( m_Scene.m_nCurIndex == 0 &&
                        m_Actor.getRefPixelX() > 250 &&
                        m_Actor.getRefPixelY() > 250 )
                    {
                            m_nState = GAME_END;
                    }
                    CheckCollisions();
                    SetViewWindow();
                }
                break;
        }
    }
    public void Logic()
    {
        //完成程序流程图中的第（5）步操作
        switch( m_nState )
        {
        case GAME_GAMING:                                           //进入游戏
            m_Npc.Logic();
            break;
        default:
            break;
        }
    }
    protected void Paint()
    {
        //完成程序流程图中的第（6）步操作
        Graphics g = getGraphics();
        g.setColor(0);                                              //设置当前色为黑色
        g.fillRect( 0, 0, getWidth(), getHeight() );                //用当前色填充整个屏幕
        switch( m_nState )
        {
        case GAME_UI:                                               //显示界面
            m_UI.Paint(g, getWidth(), getHeight());
            break;
        case GAME_GAMING:                                           //显示游戏画面
            m_Manager.paint( g, 0, 0 );
            g.setColor(0xFFFF0000);
            if( m_Npc.m_bDialog )
                m_Npc.DrawText( g, getWidth(), getHeight() );
            break;
        case GAME_END:
            m_Manager.paint( g, 0, 0 );
            g.setColor( 0xffffff );
            g.drawString( "MM终于走出了洞穴！", getWidth()/ 2,
                        getHeight() / 2, Graphics.TOP|Graphics.HCENTER );
            break;
        }
        flushGraphics();
    }
    //设置可视区域
```

```
        private void SetViewWindow()
        {
            ……，此处代码略，与本章实例制作“流程六”中所给出的同名函数代码相同
        }
        //碰撞检测
        public void CheckCollisions()
        {
            if( m_Actor.collidesWith( m_Npc, false ) )
            {
                m_Actor.MoveBack();
                m_Npc.DialogStart();
                return;
            }
            m_Scene.CollidesWidth( m_Actor, m_Npc );
        }
    }
```

流程 10　运行并发布产品

完成代码修改并保存文件后，通过 WTK 来运行 MMRpg 项目，在“MideaControlSkin”模拟器中的运行效果如图 8-2 所示。

本章小结

在 RPG 游戏中，游戏者扮演虚拟世界中的一个或者几个特定角色，并在特定场景下进行游戏。一个完整的 RPG 游戏至少要有故事情节、人物、NPC 和场景四个要素。游戏特点是：规则复杂，场景多样，没有时间限制，多以对话提示来展开故事情节。

J2ME 提供了专门的类来管理各个层，这个类就是 LayerManager。使用 LayerManager 类还可以设置图像的显示区域。

思考与练习

1. 请说出 RPG 游戏的定义及特点？RPG 游戏可分为哪些种类？
2. 一个完整的 RPG 游戏都需要哪几个组成要素？
3. 简述 J2ME 中读取文件的过程。
4. 说出本章游戏中，为保证 MM“正确行走”而采用的方法。
5. 说出本章游戏中，为实现“摄像机跟随”效果而采用的方法
6. 说出本章游戏中存在哪些对象及这些对象之间的关系。
7. 请说出 LayerManager 类的主要作用。
8. 简述 LayerManager 类中 setViewWindow 方法的实际功能。

第九章　开发冒险游戏

本章主要内容

本章由4节组成。首先介绍开发冒险游戏的特点、分类、用户群体、、开发要求、发展史。接下来通过游戏《马里奥》介绍冒险游戏开发的全部流程中的基础知识和程序编写方法。最后是小结和作业安排。

本章学习重点

- 冒险游戏特点
- 《马里奥》游戏的制作全部过程

本章教学环境： 计算机实验室

学时建议： 10小时（其中讲授2小时，实验8小时）

冒险游戏惊险刺激，充满幻想，充满悬念，在年轻人群中拥有很高的支持度。

第一节　概述

关键点：①特点、②分类、③用户群体、④开发要求、⑤发展史。

冒险游戏的英文名是Adventure Game，简称AVG，是指由玩家控制游戏人物进行虚拟冒险的游戏。这类游戏的故事情节往往以完成某个任务或解开某些谜题的形式展开，而且在游戏过程中刻意强调谜题的重要性。代表作品有《冒险岛》等游戏。

一、冒险游戏的特点

冒险游戏有些类似于RPG游戏，但在冒险游戏中，角色本身的属性能力一般是固定不变的，并且不会影响游戏的进程。

冒险游戏主要考验玩家的观察能力与分析能力，更多强调故事线索的发掘。游戏的故事内容通常比较复杂，玩家需要不断的解开各种谜题才能完成游戏。这种游戏的题材多以恐怖、探险为主，充满悬念，冒险，情节曲折惊险。

二、冒险游戏的分类

冒险游戏可以分为：

1. 文字冒险游戏

文字冒险游戏也属于文字游戏，它以文字叙述为主，而且游戏内容中充满着探险、解谜等元素。

2. 动作冒险游戏

动作冒险游戏融合了动作游戏的一些特征。游戏过程中，游戏者不仅需要探索游戏过关的关键物品，还需要与游戏中的其他角色进行战斗，只有打败各种对手并通过各种险要的地形才能过关。

3. 恐怖冒险游戏

恐怖冒险游戏中充满着死亡、黑暗、鬼怪、疾病、猛兽……。这类游戏的画面阴暗，背景音乐阴沉紧张，而且常常以揭开谜题的方式来展开故事情节。

三、冒险游戏的用户群

冒险游戏的用户群往往具有以下特点：

- 他们大多是年轻人，而且多为男性。
- 他们喜欢喜欢探索，惊险刺激。
- 他们喜欢恐怖题材的电影。
- 他们的想象力比较丰富。

四、冒险游戏的开发要求

冒险游戏中，游戏场景的布置要围绕谜题的设计，有些场景是在谜题被揭开后才能允许角色进入。场景中，与谜题相关的摆设需要在颜色或样式上有所突出，使细心的玩家能够感觉到此处存在玄机。

五、冒险游戏的发展史

1. 文字冒险游戏

早期的文字游戏基本都属于文字冒险游戏，如第 3 章所说的《猎杀乌姆帕斯》、《探险》、《魔域帝国》等游戏。这些游戏给玩家带来了无限快乐，但随着图形显示技术的进步，文字冒险游戏已经渐渐退出游戏的舞台。

2. 动作冒险游戏

动作冒险游戏是由动作闯关游戏演变而来的，并有些类似 RPG 游戏。1982 年，随着《Pitfall（冒险记）》的诞生也产生了新的游戏种类——动作冒险游戏。《Pitfall》的角色可以跑和跳，并且要越过许多障碍及陷阱。

（1）《超级马里奥》

1985 年，任天堂公司将《Pitfall》的游戏精髓发扬光大，创造了经典的动作冒险游戏：《超级马里奥》（又名《超级玛丽》）。在《超级马里奥》中，游戏主角基本是靠跳跃来完成各种冒险操作的。

（2）《高桥名人之冒险岛》

1986 年，HUDSON 公司开发出一款经典的动作冒险游戏——《高桥名人之冒险岛》。游戏主人公（高桥名人）原本是一个著名的游戏玩家。高桥名人本名高桥利幸，在还没有所谓的连发摇杆时代，他能打出“16 连射”的游戏效果，被奉为当时电玩界第一高手，据说他用手指连点的力量甚至可以一瞬间让西瓜爆裂。后来，高桥名人被 Hudson 公司聘用，这位电玩高手也转眼成了日本家喻户晓的大明星，被日本青少年视为英雄，他还主演过的几部电影。

（3）《魔界村》、《恶魔城》

80 年代中期发布的《魔界村》、《恶魔城》等游戏在动作冒险游戏中增加了恐怖元素，但是这些游戏营造的恐怖气氛还不够浓，还不能算作是真正的恐怖冒险游戏。

（4）《古墓丽影》

90 年代，一股追求高速度、高清晰图像的潮流融入全世界广大玩家的心坎。3D 技术也开始融入游戏，这期间产生了很多 3D 动作冒险游戏。1996 年，一位数字女人给整个游戏界带来了惊喜，她就是《古墓丽影》中的女主角“劳拉”。《古墓丽影》的成功也标志着 3D 动作冒险游戏历史的革新。《古墓丽影》中，劳拉要面临许多危险：滚动的大石头、旋转的刀片、钉坑以及其它设置巧妙的陷阱。游戏采用 3D 环境音效，各种声音会根据主角的位置来自动改变音量，使玩家真正感受到危机四伏。《古墓丽影》的广告词说得好：“是你操纵她！但是她却控制了你！”

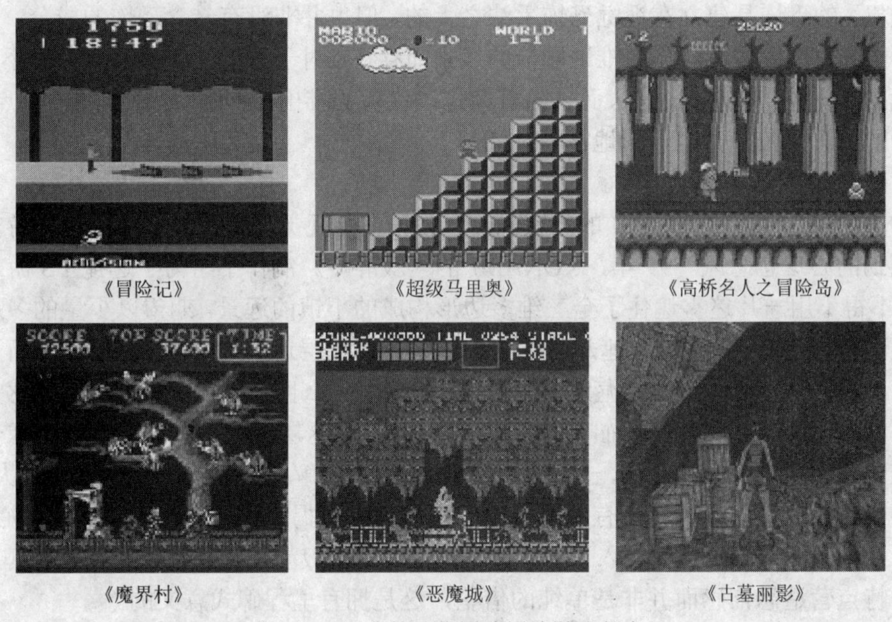

《冒险记》　《超级马里奥》　《高桥名人之冒险岛》

《魔界村》　《恶魔城》　《古墓丽影》

图 9-1　经典的动作冒险冒险游戏代表

3. 恐怖冒险游戏

（1）《MYST（神秘岛）》、《THE7THGUEST（第七访客）》

90 年代初期，PC 平台上也诞生了许多优秀的恐怖解谜游戏，其代表作有 1992 年 BRODERBUND 公司推出的《MYST（神秘岛）》和 1993 年 Trilobyte 公司制作的《THE7THGUEST（第七访客）》，它们将恐怖气氛和解谜的游戏方式相结合，让玩家在深入的思考中进行恐怖的体验。这两款游戏中增加了大段的视频回放，进一步渲染恐怖的气氛。在这两款游戏中，悬念和解谜的结合有着很好的效果，事实证明，在游戏的表现手法中，悬念和解谜有着一种天生的契合，所以后来的恐怖游戏都带有大量的解谜成分。但在这两款游戏中，玩家除了解谜之外可以掌控的部分实在是太少，他们期待可以实现更高自由度的恐怖游戏。

（2）《Along int the dark（鬼屋魔影）》

1993 年，法国 I-MOTION 公司出品的《Along int the dark（鬼屋魔影）》是恐怖冒险游戏中的里程碑，它在制作恐怖效果上的探索对后来恐怖游戏贡献极大，基本决定了今后恐怖冒险游戏的形式：第三人称视角、3D 多边形构筑的角色、电影般的镜头剪切。《鬼屋魔影》的灵感来源于 H.P.Lovecraft 的小说，讲述的是主人公孤身一人在一间恐怖大屋中的游历，期间遇到各种诡异的事情发生，也会碰到让人毛骨悚然的鬼怪幽灵。不过，由于 93 年的游戏画面表现能力尚显不足，虽然《鬼屋魔影》进行了很多前卫的尝试，但在拙劣的图像质量下，很多创意难免被打了折扣。

（3）《生化危机》

1996 年 3 月，CAPCOM 的《生化危机》横空出世，标志着游戏对于视觉恐怖手法的运用开始走向成熟。《生化危机》借鉴了《鬼屋魔影》的大量元素，将恐怖电影手法大量地运用到游戏中来，而图像技术的进步又将视觉恐怖发挥到了极至。即使在现在，很多玩家仍然还对那副正在啃食尸体、全身腐烂、血肉模糊的面孔记忆犹新，这在当时所造成的视觉冲击效果完全是震撼的，另外还有成群结队的僵尸、破窗而入的僵尸犬、从窗缝伸过来的一只只手臂等等。《生化危机》的恐怖是建立在视觉恐怖手法之上的，但也并非没有悬念恐怖的成分，只是表现手法尚不成熟，大多数只能作为推进剧情的线索而存在，对于恐怖气氛的渲染力度不够，远远没有游戏的视觉恐怖成分来得多，而且随着续作一代代的推出，游戏背后秘密的一点点被揭开，这些可怜的悬念恐怖成分也渐渐地被消耗殆尽。

（4）《寂静岭》

1999 年 3 月 4 日，KONAMI 的《寂静岭》为正在与视觉恐怖纠缠不休的恐怖游戏界吹来了一股强劲的心理悬念风。99 年，KONAMI 的《寂静岭》制作小组为了遮掩 PS 游戏机性能的缺陷，不得不用一片迷雾遮住了全三维多边形构成的小镇的远景，期望以少量的多边形和材质贴图达到较好的效果。但这一遮却将整个小镇笼罩在层层迷雾之中，在这层安静而又缥缈的迷雾之下，发生的一切却又如此诡异离奇，似乎隐藏着什么巨大的危险，能清楚的感觉到但却又摸不着，逐渐积累的未知与恐怖噬咬着玩家的内心，而这层挥之不去的迷雾却又像一堵墙一般阻断着玩家和真实之间的距离，一次次的探索，一次次的解谜却始终将自己推向更大的谜团，一直到游戏结束，寂静岭似乎还有无穷无尽的未知尚未被揭晓。这就是游戏版本的心理恐怖，《寂静岭》将恐怖游戏的发展带入了一个新的时代。从《寂静岭》开始，游戏开始真正尝试使用自己的特点营造恐怖感而并非是单纯的借鉴，这是拥有里程碑式意义的。

《寂静岭》二代甚至被不少玩家当作神作，因为它不仅和前作一样将镜头对准外部世界的未知，也将镜头对准了人性这一内部世界的未知。《寂静岭 2》对于人性的挖掘是相当深刻的，至今仍很难有游戏可以与之比肩。

《神秘岛》

《第七访客》

《鬼屋魔影》

图 9-2　经典的恐怖冒险游戏代表

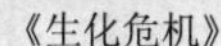

《生化危机》

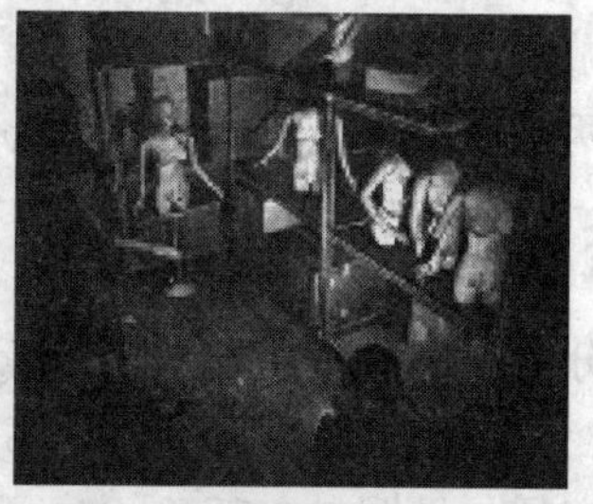

《寂静岭》

图 9-2　经典的恐怖冒险游戏代表（续）

第二节　冒险游戏《马里奥》开发

还记得童年时代给我们带来无限欢乐的超级马里奥吗？美国籍的意大利人，矮个子、大鼻子、上翘的大胡子、写有 M 的红色帽子，想必你一定不会忘记。让我们重温超级马里奥的超级故事，再一次体验马里奥给我们带来的快乐吧。

一、操作规则

在本游戏中，游戏者将控制《马里奥》进行冒险。游戏中，按左右键可移动“马里奥”，按上键可使“马里奥”跳跃。“马里奥”可以踩死蘑菇怪物，也可以顶碎砖块。但如果“马莉”从左右方向与蘑菇怪物相撞，就会失去生命。游戏的任务是尽可能多地踩死蘑菇怪物。

二、本例效果

本例运行的实际效果见图 9-3。

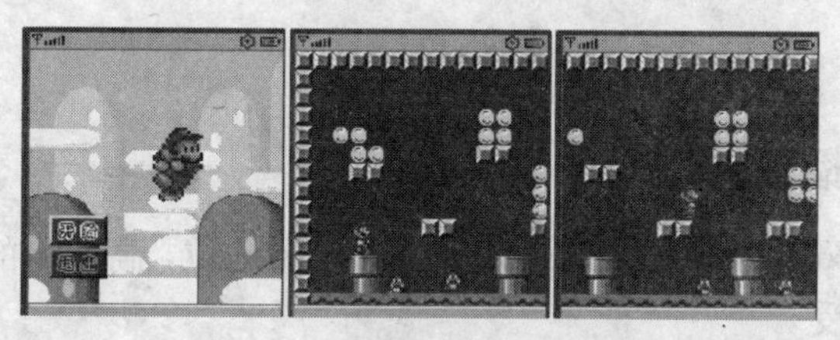

图 9-3　《马里奥》运行效果

三、资源文件的处理

本例所需的资源文件有：标题图片（title.png）、文本图片（text.png）、按钮图片（button.png）、场景图片（map.png）、怪物图片（enemy.png）、主角图片（man.png），所有图片的规格如图 9-4 所示。

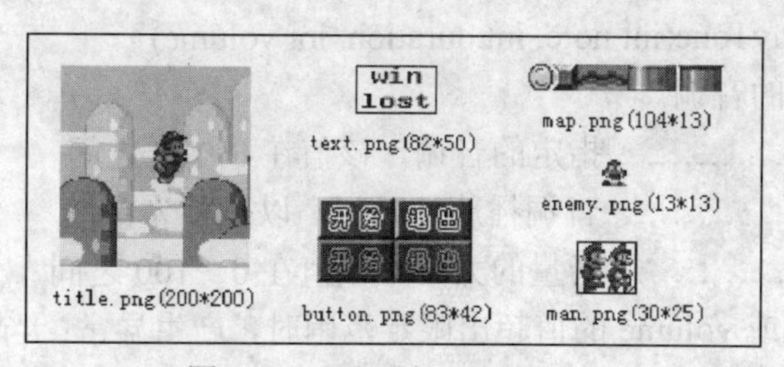

图 9-4　《马里奥》资源文件

此外，本游戏中还将播放背景音乐，而且当“马里奥”跳跃时，系统还会播放跳跃音效。游戏所需要的两个音效文件为：back.wav 与 jump.wav。

四、开发流程（步骤）

本例开发分为 8 个流程：①掌握声效的播放方法、②增加标题按钮的显示、③解决《马里奥》跳跃难题、④解决人物碰撞难题、⑤确定游戏对象、⑥绘制程序流程、⑦编写实例代码、⑧运行并发布产品，见图 9-5 所示。

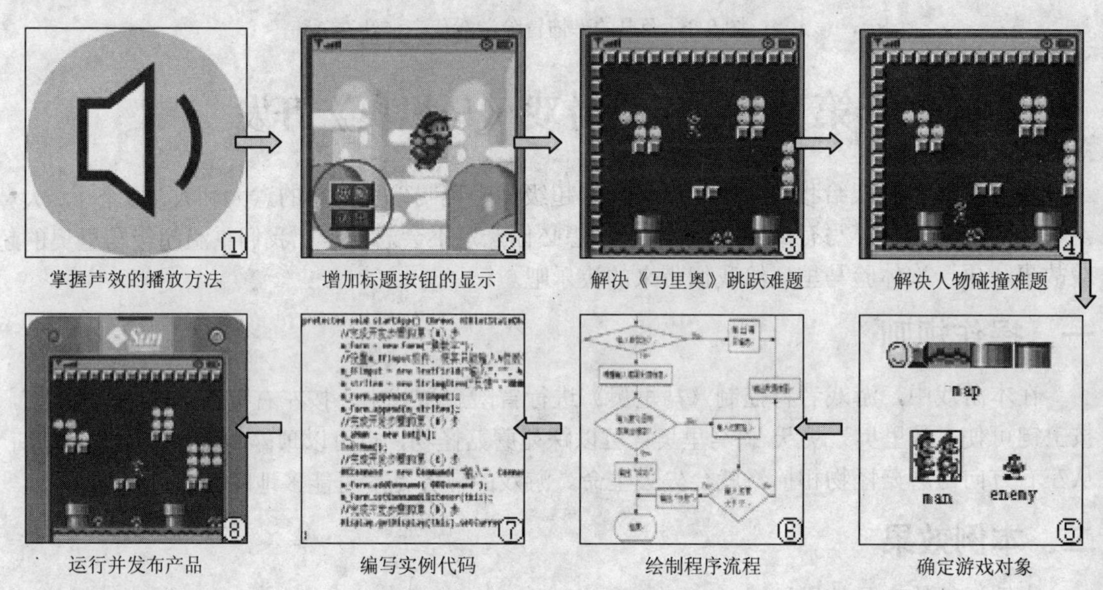

图 9-5　《马里奥》开发流程图

五、具体操作

流程 1　掌握声效的播放方法

本游戏需要播放音效，音效在手机游戏中占有重要地位，高质量的手机游戏要给予游戏者从视觉到听觉的全面享受。

在 J2ME 中，处理音效需要使用 MMAPI 的包。该包的全称为 Mobile Media API，它是 MIDP1.0 的可选包，在 MIDP2.0 中已经包含了这个包。如果使用 MIDP1.0，需确认运行环境对音效的支持。关于项目中选择 MIDP 版本的方法请参考本书第 2 章的讲解。

1. 产生简单的音调

通过调用 Manager 类的 playTone 方法，可让手机发出简单的音调，该方法定义如下：

public static void playTone(int note, int duration, int volume)

功能：　发出指定的音调。

参数：　note…………………指定的音调，该值在 0~127 之间

　　　　duration……………..音调播放的时间，以毫秒为单位

　　　　volume……………...音量的大小，该值在 0～100 之间

异常：当 note 的值或 volume 的值超出限定范围时，产生异常；当设备无法播放音调时也产生异常

这里需要进一步说明 playTone 方法的第一个参数，该参数的取值中，一般用 60 表示“do”的音，音乐术语称该音调为“Middle C”。如果该参数的取值增加 1，音调只增加半个音，也就是说 61 表示从“do”增加半个音到“do#”，音乐用语用“C#”表示。

如图 9-6 所示，圆圈内的数字表示各个音调所对应的 note 值。

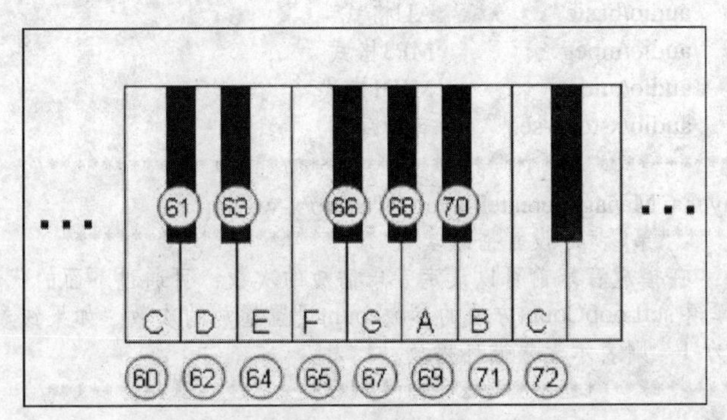

图 9-6　音调的 note 值

2. 播放音效文件

J2ME 中，有很多处理音效文件的方式，这里讲解最常用的方式，该方式的操作流程如图 9-7 所示。

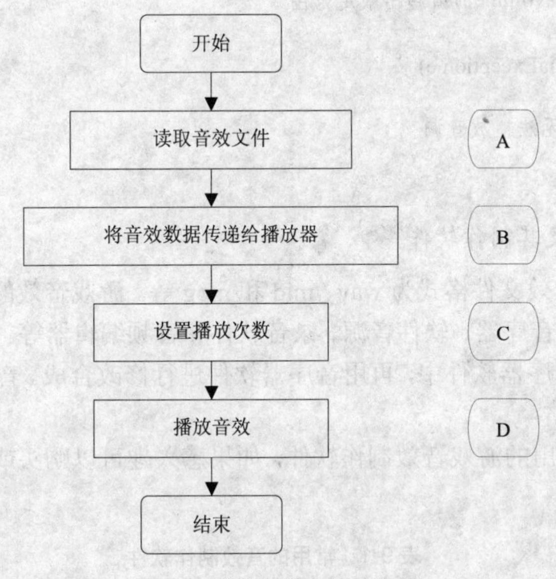

图 9-7　播放音效文件的步骤

上面的流程图对应的代码如下：

```
try
{
        /****************第A步，读取音效文件**********************
            播放音效文件一般是将音效文件处理成“流”的形式，下面代码中
        MyWav.wav是音效文件名，该文件位于项目的res子目录中。
        ***********************************************************/
InputStream is = this.getClass().getResourceAsStream("/MyWav.wav");
```

```
/****************第B步，将音效数据传递给播放器**************
            将"流"信息传递给播放器，播放器按照一定的格式进行解码操作。
        下面代码中createPlayer方法的第1个参数是第A步生成的"流"对象，
        第2个参数表示音乐存储的格式，可取如下值：
            audio/x-wav          wav格式
            audio/basic          AU格式
            audio/mpeg           MP3格式
            audio/midi           MIDI格式
            audio/x-tone-seq     音频序列
****************************************************************/
        player = Manager.createPlayer(is,"audio/x-wav");
/****************第C步，设置播放次数************************
            在播放音乐前可以设定音乐播放的次数，可通过下面的代码来实现，
        代码中setLoopCount方法的参数count设置播放的次数。如果该参数取
        值为-1，则表示无限循环播放。
****************************************************************/
        player.setLoopCount( int count );
/*************第D步，播放音效********************************/
player.start();
    }
catch (IOException e)
{
    //note的值或volume的值超出限定范围
}
    catch (MediaException e)
    {
        //设备无法播放音调
}
```

3. 常用音效格式及其制作软件

一般手机支持的音效文件格式为 wav、mid 和 mpg 等。游戏音效的制作过程中，所需要的软件可分为以下几类：音序器、软件音源、录音软件和音频编辑器等。其中音序器的主要作用是将音符逐个演奏到音序器软件中，再用音序器软件进行修改合成。音源是指产生声音信号的设备或装备。

表 9-1 中列出了常用的游戏音效制作软件，如果感兴趣可以购买或下载这些软件，体会一下它们的功能。

表 9-1　常用的音效制作软件

音序器	
Cakewalk Sonar	一个功能全面的专业音效制作平台。
MtPro60	由苹果机上改编到 PC 机上的音序器软件。
Ruanjiekou	一款操作简便的音序器。
MidiStd	由美国微软公司生产的音序器。
Cakewalk Virtual Piano	一个图形化的虚拟钢琴，它可以将计算机键盘转化为 MIDI 键盘来输入 MIDI 信息。只支持 Windows98 / WindowsMe 两种操作系统。
Cubase SX	目前最为先进的音效制作软件，对音频硬件要求较高。

软件音源	
Roland VSC-88	日本 Roland 公司推出的第二代软件音源。
YAMAHA SXYG100	YAMAHA 公司推出的 S-YXG 系列普及型软件音源中的最新版本。
录音软件	
CoolEditPro	适合大众的多轨录音软件。
Samplitude 2496	一个多轨硬盘录音编辑软件。该软件支持 24Bit/96KHz 采样频率。
音频编辑器	
Steinberg WaveLab	老牌音频编辑软件。
Pro-tools	音频编辑软件。
n-track	音频编辑软件。

专业指点：本例制作难点

制作本游戏之前，先了解该游戏的制作难点及解决各个难点的方法。

本游戏的制作过程中会遇到以下几个难点：

- 如何在标题画面中显示功能按钮。
- 如何控制马里奥的跳跃。
- 如何判断马里奥踩到敌人。
- 本游戏中存在着多种对象，确定对象之间的关系是本实例制作的难点之一。

下面介绍难点的解决方法 。

流程 2　在标题画面中增加功能按钮的显示

本书第 7 章的实例中曾制作一个标题画面管理类（MyUI），这里对该类进行改进，使标题画面中增加功能按钮的显示，改进后 MyUI 类的代码如下所述：

```
import javax.microedition.lcdui.*;
import javax.microedition.lcdui.game.*;
public class MyUI
{
    private Image     m_TitleImg;                               //标题画面图像
    private Sprite          m_ButtonSp;                         //按钮精灵图像
    private int       m_nFocusType;                             //高亮按钮类型
    public MyUI()
    {
        try                                                     //读取标题图像
        {
            m_TitleImg = Image.createImage("/title.png");
            Image img = Image.createImage("/button.png");
            m_ButtonSp = new Sprite(img, 41, 21);               //创建按钮对象
            m_nFocusType = 0;
        }
        catch (Exception ex){}
    }
    //处理按键的输入，参数keyStates是上层传递过来的按键动作
    //返回所选按钮的类型
    public int Input( int keyStates )
    {
```

```
        if( ( keyStates & GameCanvas.UP_PRESSED ) != 0 )
        {
            m_nFocusType = 0;
        }
        else if( ( keyStates & GameCanvas.DOWN_PRESSED ) != 0 )
        {
            m_nFocusType = 1;
        }
        if( ( keyStates & GameCanvas.FIRE_PRESSED ) != 0 )
        {
            return m_nFocusType;                        //返回按钮类型
        }
        else
            return -1;                                  //没有按中心键，则返回-1
    }
    //显示界面内容，参数g..对应显示屏幕，scrWidth为屏幕宽，scrHeight为屏幕高
    public void Paint( Graphics g, int scrWidth, int scrHeight )
    {
        int x = scrWidth;
        int y = scrHeight;
        if( m_TitleImg != null )                        //显示标题画面
        {
            x = ( x - m_TitleImg.getWidth() ) / 2;
            y = ( y - m_TitleImg.getHeight() ) / 2;
            g.drawImage(m_TitleImg, x, y, 0 );
        }
        int h = m_ButtonSp.getHeight() + 2;             //显示按钮
        x = 15;
        y = scrHeight - h * 2 - 15;
        if( m_nFocusType == 0 )
        {
            m_ButtonSp.setFrame(0);                     //显示高亮的按钮
            m_ButtonSp.setPosition(x, y);
            m_ButtonSp.paint(g);
            y = y + h;
            m_ButtonSp.setFrame(3);                     //显示灰色的按钮
            m_ButtonSp.setPosition(x, y);
            m_ButtonSp.paint(g);
        }
        else
        {
            m_ButtonSp.setFrame(2);                     //显示灰色的按钮
            m_ButtonSp.setPosition(x, y);
            m_ButtonSp.paint(g);
            y = y + h;
            m_ButtonSp.setFrame(1);                     //显示高亮的按钮
            m_ButtonSp.setPosition(x, y);
            m_ButtonSp.paint(g);
        }
    }
}
```

流程 3　解决《马里奥》跳跃难题

可以这样简单地描述马里奥的跳跃过程：当马里奥起跳时，他将具有一个向上的速度 Vy，使得马里奥能不断上升；但由于受到重力的影响，Vy 会不断减小，当 Vy 等于 0 时，马里奥将停止上升；如果马里奥脚下没有踩到实物，马里奥就会下落，直到他能踩到某个实物。如果在游戏程序中，每隔一段时间就调用如下所述的代码，就可以控制马里奥的跳跃：

```
// 参数lyNotPass是TiledLayer对象，存储地图中的障碍物
private void Up_Down( TiledLayer lyNotPass )
{
        if( m_nState == MARIO_UP )                              //如果处于上升状态
        {
                //向上移动马里奥，m_nSpeedY就是Vy
                Move( 0, -m_nSpeedY );
                m_nSpeedY --;                                   //Vy不断减小
                if( collidesWith( lyNotPass, false ) )          //如果上升过程中发生碰撞
                {
                        m_nSpeedY = 0;                          //则停止上升
                        MoveBack();                             //往后退一步
                }
                if( m_nSpeedY == 0 )                            //如果Vy变为0
                {
                        m_nState = MARIO_DOWN;                  //进入下降状态
                }
        }
        else                                                    //不上升就要下落
        {
                Move( 0, 2 );                                   //向下移动两个单位
                if( collidesWith( lyNotPass, false ) )          //如果发生碰撞
                {
                        MoveBack();                             //退回到移动前的位置
                        m_nSpeedY = 0;
                        m_nState = MARIO_NORMAL;                //进入正常状态
                }
                else                                            //如果可以下降
                        m_nState = MARIO_DOWN;                  //则进入下降状态
        }
}
```

流程 4　解决人物碰撞难题（马里奥踩到敌人的判断方法）

马里奥与敌人发生碰撞后会产生两种后果：当马里奥从上方落到敌人身上时，将会把敌人踩死；而当马里奥从其它方向与敌人相撞时，就会被敌人吃掉。

具体的判断方法如下所述：

```
private void CollideWithEnemy()
{
        for( int n = 0; n < m_aEnemy.length; n++ )
        {
                if( m_Mario.collidesWith(m_aEnemy[n], false) )          //mario与敌人相碰
                {
```

```
                int yFoot = m_Mario.getY() + m_Mario.getHeight();
                if( yFoot < m_aEnemy[n].getRefPixelY() )         //如果从上面碰到敌人
                    m_aEnemy[n].setVisible(false);               //则敌人消失
                else                                             //否则游戏失败
                {
                    m_TextSp.setFrame(1);
                    m_nState = GAME_END;
                }
            }
        }
    }
```

流程 5　确定游戏对象（确定对象之间的关系）

游戏中存在 Mario、敌人及场景三种对象，各种对象之间的关系如下：

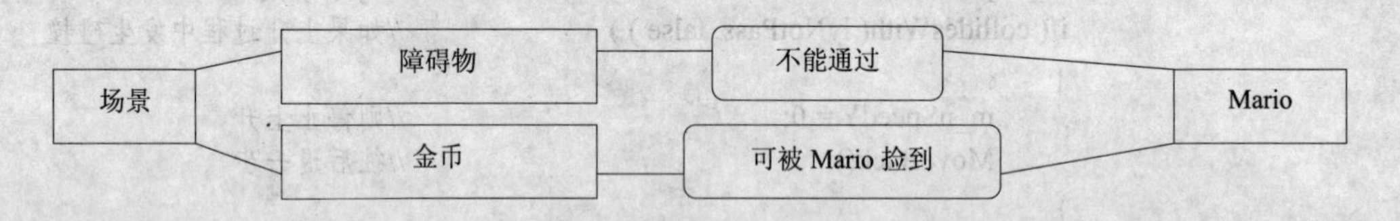

可把场景分为：障碍物区域（不能通过）与金币区域（可被捡到），当 Mario 走到各种区域时应进行相应的处理。

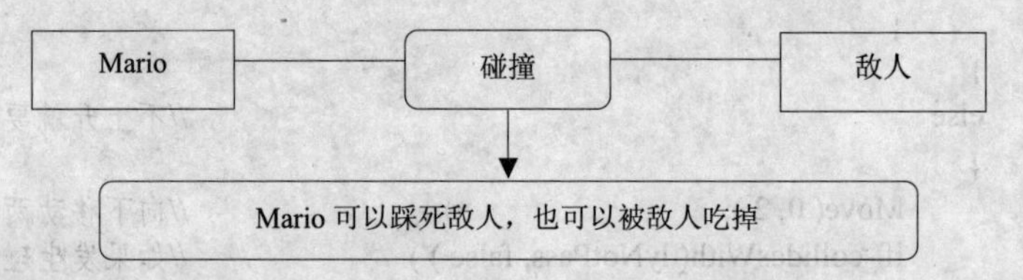

Mario 与敌人碰撞后，Mario 可能会踩死敌人（马里奥落到敌人身上），也可能被敌人吃掉（马里奥从其它方向与敌人相撞）。

根据游戏中存在的对象以及各个对象之间的关系，可以定义 MarioSprite、EnemySprite 和 Scene 三个类来分别管理 Mario、敌人及场景等三种对象，各种管理类的关系如图 9-8 所示。

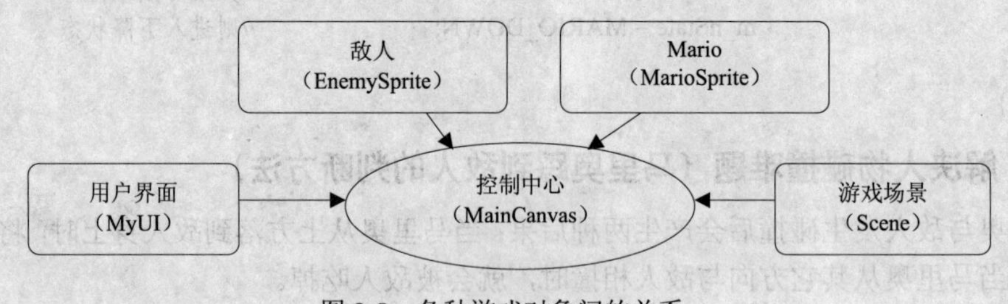

图 9-8　各种游戏对象间的关系

各个类的具体代码如下所述：

1. MarioSprite 类

```
import java.io.*;
import javax.microedition.lcdui.*;
import javax.microedition.lcdui.game.*;
```

```
import javax.microedition.media.*;
public class MarioSprite extends Sprite
{
    public static final int MARIO_NORMAL        = 0;    //正常停止状态
    public static final int   MARIO_UP          = 1;    //向上跳状态
    public static final int MARIO_DOWN          = 2;    //向下落状态
    private int m_nState = MARIO_DOWN;                  //存储当前的状态
    private int m_nSpeedX = 0;                          //X方向运动的速度
    private int m_nSpeedY = 0;                          //Y方向运动的速度
    private int m_nLastX;                               //移动前X方向的位置
    private int m_nLastY;                               //移动前Y方向的位置
    private Player m_Player;                            //音效播放器
    MarioSprite(Image image, int frameWidth, int frameHeight)
    {
        super(image, frameWidth, frameHeight);
        defineReferencePixel( frameWidth / 2, frameHeight / 2 );
        try
        {
            //读取跳跃时音效文件
            InputStream is = this.getClass().getResourceAsStream("/jump.wav");
            m_Player = Manager.createPlayer(is,"audio/x-wav");
        }
        catch (Exception e){}
    }
    //按键操作，参数keyStates传递当前的按键动作值
    public void Input(int keyStates)
    {
        if( ( keyStates & GameCanvas.LEFT_PRESSED ) != 0 )      //按左键
        {
            m_nSpeedX = -2;
            setTransform(Sprite.TRANS_MIRROR);                  //调整精灵的显示方向
            changeFrame();                                      //调整精灵的当前帧
        }
        else if( ( keyStates & GameCanvas.RIGHT_PRESSED ) != 0 ) //按右键
        {
            m_nSpeedX = 2;
            setTransform(Sprite.TRANS_NONE);                    //调整精灵的显示方向
            changeFrame();                                      //调整精灵的当前帧
        }
        else                                                    //无按键则无速度
            m_nSpeedX = 0;
        if( m_nState == MARIO_NORMAL )                          //在正常状态下可以跳
        {
            if( ( keyStates & GameCanvas.UP_PRESSED ) != 0 )    //按上键
            {
                m_nSpeedY = 9;                                  //初始速度
                m_nState = MARIO_UP;
                try
                {
```

```
                    m_Player.start();                           //播放跳跃音效
                }
                catch (Exception e){}
            }
        }
    }
    //逻辑操作，参数lyNotPass指定场景的障碍物区域，lyGold指定场景中金币区域
    public void Logic( TiledLayer lyNotPass, TiledLayer lyGold )
    {
        Move( m_nSpeedX, 0 );                                   //横向移动
        if( collidesWith( lyNotPass, false ) )                  //碰到障碍则返回
        {
            MoveBack();
        }
        Up_Down(lyNotPass);                                     //纵向移动
        int col = getRefPixelX() / 13;                          //获取Mario当前位置
        int row = getRefPixelY() / 13;
        if( lyGold.getCell( col, row ) == 1 )                   //如果该位置有金币
            lyGold.setCell( col, row, 0 );                      //金币消失
    }
    private void Move( int x, int y )                           //移动精灵
    {
        m_nLastX = getRefPixelX();                              //记录移动前的位置
        m_nLastY = getRefPixelY();
        setRefPixelPosition(getRefPixelX()+x, getRefPixelY()+y);
    }
    private void MoveBack()                                     //使精灵后退
    {
        setRefPixelPosition(m_nLastX, m_nLastY);
    }
    private void changeFrame()                                  //改变精灵的当前帧
    {
        int n = getFrame();
        if( n == 0 )
            setFrame(1);
        else if( n == 1 )
            setFrame(0);
    }
    private void Up_Down()                                      //纵向移动
    {
        ……，此处代码略，参见第2个难点的解决方法
    }
}
```

2. EnemySprite 类

```
import javax.microedition.lcdui.*;
import javax.microedition.lcdui.game.*;
public class EnemySprite extends Sprite{
    private int m_nLastX;                                       //移动前的X轴位置
```

```
    private int m_nLastY;                                       //移动前的Y轴位置
    private int m_nSpeedX      = 2;                             //X方向的移动速度
    private boolean m_bTran;                                    //控制移动动画
    EnemySprite(Image image, int frameWidth, int frameHeight){
        super(image, frameWidth, frameHeight);
        defineReferencePixel( frameWidth / 2, frameHeight / 2 );
    }
    public void Start( int nX, int nY ){                        //设置敌人的初始位置
        setRefPixelPosition( nX, nY );
        m_nLastX  = nX;
        m_nLastY  = nY;
    }
    //逻辑操作，产生运动动画，参数lyNotPass存储场景中的障碍物区域
    public void Logic( TiledLayer lyNotPass ){
        if( m_bTran )
            setTransform(Sprite.TRANS_MIRROR);
        else
            setTransform(Sprite.TRANS_NONE);
        m_bTran = !m_bTran;
        Move( m_nSpeedX, 0 );                                   //移动敌人
        if( collidesWith( lyNotPass, false ) )                  //发生碰撞
            TurnDir();                                          //则改变移动方向
        Move( 0, 2 );                                           //敌人下落
        if( collidesWith( lyNotPass, false ) )                  //落到地面
            MoveBack();                                         //退回到上一位置
    }
    private void Move( int x, int y){                           //移动精灵
        m_nLastX = getRefPixelX();                              //记录移动前的位置
        m_nLastY = getRefPixelY();
        setRefPixelPosition(getRefPixelX()+x, getRefPixelY()+y);
    }
    private void TurnDir(){                                     //改变行动方向
        m_nSpeedX = -m_nSpeedX;
        MoveBack();
    }
    private void MoveBack(){                                    //使精灵后退
        setRefPixelPosition(m_nLastX, m_nLastY);
    }
}
```

3. Scene 类

```
import java.io.*;
import javax.microedition.lcdui.*;
import javax.microedition.lcdui.game.*;
import javax.microedition.media.*;
public class Scene {
    public int m_nCurIndex;
    public TiledLayer m_LyNotPass;                              //不可通过的区域
    public TiledLayer m_LyGold;                                 //金币区域
    private Player m_Player;                                    //音效播放器
    Scene(){
```

```
        try{  //读取tile图像
            Image image = Image.createImage("/map.png");
            m_LyNotPass = new TiledLayer( 20, 15, image, 13, 13 );
            m_LyGold = new TiledLayer( 20, 15, image, 13, 13 );
            //读取音效文件
            InputStream is = this.getClass().getResourceAsStream("/back.wav");
            m_Player = Manager.createPlayer(is,"audio/x-wav");
            m_Player.setLoopCount(-1);
            m_Player.start();
        }
        catch (Exception e){}
    }
    public int GetWidth(){                              //获取场景的宽度
        return m_LyNotPass.getWidth();
    }
    public int GetHeight(){                             //获取场景的高度
        return m_LyNotPass.getHeight();
    }
    public void LoadScene(){                            //读取场景文件
        try{
            InputStream is = getClass().getResourceAsStream("/map.txt");
            int ch = -1;
            for( int nRow = 0; nRow < 15; nRow ++ ){
                for( int nCol = 0; nCol < 20; nCol ++ ){
                    ch = -1;
                    while( ( ch < 0 || ch > 8 ) ){
                        ch = is.read();
                        if( ch == -1 )
                            return;
                        ch = ch - '0';
                    }
                    if( ch == 1 ){                      //金币区域
                        m_LyNotPass.setCell( nCol, nRow, 0 );
                        m_LyGold.setCell( nCol, nRow, ch );
                    }
                    else {                              //不可通过的区域
                        m_LyNotPass.setCell( nCol, nRow, ch );
                        m_LyGold.setCell( nCol, nRow, 0 );
                    }
                }
            }
        }
        catch (Exception e){}
    }
}
```

流程 6　绘制程序开发流程图

难点问题逐一解决之后，则可以正式开始制作游戏。与上一章游戏的制作过程相同，首先仍然需要绘制程序流程图。本实例的主程序框架中定义了三种显示状态，分别是：标题画面状态、游戏状态、结束状态。主程序的流程如图 9-9 所示：

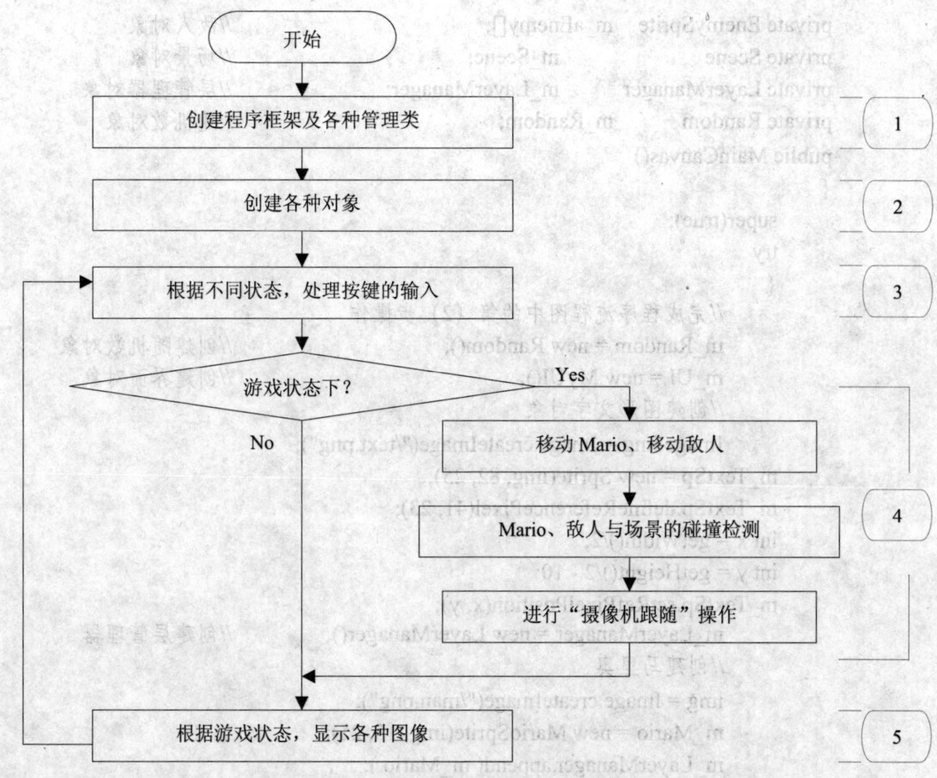

图 9-9 《马里奥》程序开发流程图

流程 7 编写本例代码

参照第 4 章所述方法，利用 WTK 创建 Mario 项目，设置项目的 MIDlet 名称为 MarioMIDlet，并将游戏的资源文件存放到 Mario 项目的 res 子目录中。

然后，在 Mario 项目的 src 子目录中添加 MainCanvas.java 文件，并参照第 8 章的方法来创建本游戏的程序框架。接着在 src 目录中添加 MyUI.java、Scene.java、MarioSprite.java、EnemySprite.java 等几个文件，这些类的代码与本章 9.4 节所给出的同名类相同。

至此，已经完成程序流程图中的第（1）步操作。

最后，在 MainCanvas 类的各个接口中添加具体的功能代码。修改后的 MainCanvas 类代码如下所述，请参照注释进行理解。

```
import java.util.*;                                           //导入系统支持类
import javax.microedition.lcdui.*;
import javax.microedition.lcdui.game.*;
public class MainCanvas extends GameCanvas implements Runnable
{
    //定义游戏状态值
    public static final int GAME_UI          = 0;           //进入用户界面
    public static final int GAME_GAMING = 1;                //进行游戏
    public static final int GAME_END         = 2;           //游戏结束
    private int m_nState    = GAME_UI;                      //存储当前的游戏状态
    private MyUI            m_UI;                           //界面对象
    private Sprite          m_TextSp;                       //图形文字对象
    private MarioSprite     m_Mario;                        //马里奥对象
```

```
private EnemySprite   m_aEnemy[];                              //敌人对象
private Scene               m_Scene;                           //场景对象
private LayerManager        m_LayerManager;                    //层管理器对象
private Random        m_Random;                                //随机数对象
public MainCanvas()
{
    super(true);
    try
    {
        //完成程序流程图中的第（2）步操作
        m_Random = new Random();                               //创建随机数对象
        m_UI = new MyUI();                                     //创建界面对象
        //创建图形文字对象
        Image img = Image.createImage("/text.png");
    m_TextSp = new Sprite(img, 82, 25);
    m_TextSp.defineReferencePixel(41, 23);
    int x = getWidth()/2;
    int y = getHeight()/2 - 10;
    m_TextSp.setRefPixelPosition(x, y);
        m_LayerManager = new LayerManager();                   //创建层管理器
        //创建马里奥
        img = Image.createImage("/man.png");
        m_Mario = new MarioSprite(img, 15, 25);
        m_LayerManager.append( m_Mario );
        //创建敌人
        m_aEnemy = new EnemySprite[4];
        img = Image.createImage("/enemy.png");
        for( int n = 0; n < m_aEnemy.length; n++ )
        {
            m_aEnemy[n] = new EnemySprite( img, 13, 13 );
            m_LayerManager.append(m_aEnemy[n]);
        }
        //创建场景对象
        m_Scene = new Scene();
        m_LayerManager.append( m_Scene.m_LyNotPass );
        m_LayerManager.append( m_Scene.m_LyGold );
    }
    catch (Exception ex)
    {
        ex.printStackTrace();
    }
    Thread thread = new Thread(this);                          //新建线程，用于不断更新绘图
    thread.start();
}
private void Reset()                                           //游戏复位
{
    m_Scene.LoadScene();                                       //读取场景信息
    m_Mario.setPosition( 20, 80 );                             //设置Mario的初始位置
    m_aEnemy[0].Start( 120, 90 );                              //设置敌人的初始位置
    m_aEnemy[1].Start( 80, 85 );
    m_aEnemy[2].Start( 100, 80 );
```

```
        m_aEnemy[3].Start( 150, 90 );
        SetViewWindow();                                    //设置游戏画面的显示区域
    }
    public void run()                                       //继承Runnable所必须添加的接口
    {
        //获取系统当前时间，并将时间换算成以毫秒为单位的数
        long T1 = System.currentTimeMillis();
        long T2 = T1;
        while(true)
        {
            T2 = System.currentTimeMillis();
            if( T2 - T1 > 100 )                             //间隔100毫秒
            {
                T1 = T2;
                Input();
                Logic();
                Paint();
            }
        }
    }
    public void Input()
    {
        int keyStates = getKeyStates();
        switch( m_nState )
        {
        case GAME_UI:                                       //处于标题画面状态
            int n = m_UI.Input( keyStates );
            if( n == 0 )                                    //按下开始键
            {
                Reset();
                m_nState = GAME_GAMING;
            }
            else if( n == 1 )                               //按下退出键
            {
                MarioMIDlet.midlet.notifyDestroyed();
            }
            break;
        case GAME_END:                                      //处于游戏结束状态
            if( ( keyStates & GameCanvas.FIRE_PRESSED ) != 0 )
            {
                m_nState = GAME_GAMING;
                Reset();                                    //游戏复位
            }
            break;
        case GAME_GAMING:
            m_Mario.Input( keyStates );
            break;
        }
    }
    public void Logic()
    {
```

```
        switch( m_nState )
        {
        case GAME_UI:                                           //处于标题画面状态
        case GAME_END:                                          //处于游戏结束状态
            break;
        case GAME_GAMING:                                       //进入游戏
            m_Mario.Logic(m_Scene.m_LyNotPass, m_Scene.m_LyGold);
            for( int n = 0; n < m_aEnemy.length; n++ )
                m_aEnemy[n].Logic( m_Scene.m_LyNotPass );
            CollideWithEnemy();
            SetViewWindow();
            break;
        }
    }
    protected void Paint()
    {
        Graphics g = getGraphics();
        g.setColor(0xff000099);                                 //设置当前色为黑色
        g.fillRect( 0, 0, getWidth(), getHeight() );            //用当前色填充整个屏幕
        switch( m_nState )
        {
        case GAME_UI:                                           //显示界面
            m_UI.Paint(g, getWidth(), getHeight());
            break;
        case GAME_GAMING:                                       //显示游戏画面
            m_LayerManager.paint(g, 0, 0);
            break;
        case GAME_END:
            m_TextSp.paint(g);
            break;
        }
        flushGraphics();
    }
    //设置可视区域
    private void SetViewWindow()
    {
        if( m_LayerManager == null )
            return;
        //根据英雄的位置，设置游戏画面的显示区域
        int nX = m_Mario.getRefPixelX() - getWidth()/2;
        if( nX < 0 )
            nX = 0;
        else if( nX > m_Scene.GetWidth() - getWidth() )
            nX = m_Scene.GetWidth() - getWidth();
        m_LayerManager.setViewWindow( nX, 0, getWidth(), getHeight() );
    }
    private void CollideWithEnemy()
    {
        ……，此处代码略，与本章实例制作“流程四”中所给出的同名函数代码相同
    }
}
```

流程 8　运行并发布产品

完成代码修改并保存文件后，通过 WTK 来运行 Mario 项目，在“MideaControlSkin”模拟器中的运行效果如图 9-3 所示。

本章小结

冒险游戏是指由玩家控制游戏人物进行虚拟冒险的游戏，游戏更多强调故事线索的发掘。冒险游戏又可分为：动作冒险游戏与解谜冒险游戏。

让手机发出一个简单的音调可通过调用 Manager 类的 playTone 方法来实现。

J2ME 提供了 Player 类，用来播放音效文件。该类的使用过程通常可分为：读取音效文件、将文件内容传递到播放器、设置播放次数及播放音效四个步骤。

一般手机支持的音效文件格式为 wav、mid 和 mpg 等。

思考与练习

1. 请说出冒险游戏的定义及特点？冒险游戏可分为哪些种类？
2. 简述 J2ME 中，播放简单音调的方法。
3. 简述 J2ME 中，用 Player 类播放音效文件的过程。
4. Player 类中提供了 setLoopCount 方法，该方法用于设置音效文件的播放次数。如果某程序的代码中将该方法的参数设为-1，则生成的应用程序将如何播放音效文件？
5. 在 J2ME 中，处理音效需要怎样的设备环境？
6. 一般手机支持哪些格式的音效文件？
7. 用于制作游戏音效的音序器指的是什么？
8. 制作游戏音效时常会使用软件音源，这里的音源指的是什么？
9. 说出几种常用的手机游戏音效的制作软件。

第十章　开发射击游戏

本章内容提要

本章由4节组成。首先介绍射击游戏的特点、分类、用户群体、、开发要求、发展史。接下来通过游戏《坦克大战》介绍射击游戏开发的全部流程中的基础知识和程序编写方法。最后是小结和作业安排。

本章学习重点

- 射击游戏特点
- 《坦克大战》游戏的制作全流程

本章教学环境：计算机实验室

学时建议：10小时（其中讲授2小时，实验8小时）

近些年，新的游戏种类层出不穷。射击游戏虽没有早期那么风光，但在游戏市场上仍然占有一席之地。

第一节　概述

关键点：①特点、②用户群体、③分类、④开发要求、⑤发展史。

射击游戏的英文名是Shooting Game（简称STG），是指游戏者通过控制战斗机、战舰等战争机械来完成任务或过关的游戏，游戏目的往往是获得最高分数的记录，或者在敌方的枪林弹雨中成功逃生。

一、射击游戏的特点

1. 操作略复杂

射击游戏的操作略微有些复杂，游戏者通常需要两只手同时操作，一只手控制飞机的移动，另一只手则控制开火等操作。

2. 节奏较快

在射击游戏中，稍不留神，自机（游戏者控制的飞机或坦克等机械）就可能被敌人摧毁。游戏者需要集中注意力，在快节奏中完成任务。

3. 画面卷动

射击游戏的画面通常是不断卷动的，而且这种卷动往往是系统自动控制的。画面的卷动使游戏场景不断向前推进，不断出现新的敌机，旧敌机也不断消失。

4. 场面惊险刺激

射击游戏中，往往有逼真的爆炸场面，使得整个游戏画面显得惊险刺激。

5. 背景音乐振奋激昂

激昂的背景音乐，使游戏者更有身临其境的感觉。

二、射击游戏的用户群体

射击游戏的用户群往往具有以下特点：

1. 喜欢挑战，喜欢寻求惊险与刺激。
2. 可能是飞机迷或坦克迷。
3. 可能喜欢战争题材的电影。

三、射击游戏的分类

1. 按角色分类

射击游戏按玩家所控制的角色种类可分为：空战类、陆战类、海战类、枪战类。在这四种游戏中，玩家所控制的角色分别是：飞机或其他飞行器、坦克或其他陆战机械、战舰、持枪的战士。

2. 按实现技术分类

射击游戏按实现技术可分为：2D 射击游戏与 3D 射击游戏。其中 2D 射击游戏又分为："横版"射击和"纵版"射击。"横版"射击是指游戏背景横向卷动，使得场景横向延伸；而"纵版"射击则是指游戏背景纵向卷动。

3. 按镜头角度分类

射击游戏按照画面的镜头感觉可分为：第一人称射击游戏和普通视角射击游戏。其中第一人称射击游戏的英文名是 First Person Shooting Game，简称 FPS，它是以主视点来进行的射击游戏。在 FPS 游戏中，游戏者需要把自己当作游戏中的主角，游戏场景则模拟主角眼睛所观察到的画面。例如《三角洲特种部队》、《半条命》、《雷神之锤》等都属于 FPS 游戏。

世界上首款第一人称射击游戏是《Battlezone（战争地带）》，它是 Atari 公司于 1980 年发布的。《Battlezone》以 3D 画面来展示虚拟世界，其运行效果如图 10-1 所示。

图 10-1 《Battlezone》

四、射击游戏的开发要求

1. 设计要求

- 自机的灵敏度要适中

自机（玩家控制的飞机）的灵敏度实际上就是自机的移动速度，也是玩家每次操作后自机的移动距离。灵敏度太低，自机将很难躲避敌人的攻击；相反，如果灵敏度太高，自机将很难控制，容易误撞周围的导弹。

● 尽量采用纵版模式

纵版 STG 要比横版 STG 更受欢迎，这是由人眼的视觉特性造成的。在纵版 STG 中，玩家可以清楚地看见敌弹的轨迹，也很容易判断自机是否会中弹。而在横版 STG 中，要盯住子弹的轨迹是非常困难的。

● 设置合理的武器种类

射击游戏中，要设计一些合理的武器种类，而且每类武器都可以不断升级，以增加游戏的趣味性。

2. 技术要求

射击游戏的画面中会有很多子弹，分别来自于自机和敌机。所以开发此类游戏首要解决的技术难点是：弄清子弹的来源，作好子弹与战斗机的碰撞检测。

五、射击游戏的发展史

1. STG 游戏

起初 STG 游戏专指空战类射击游戏，后来泛指可以发射子弹或射箭的游戏。

STG 游戏（以下专指空战类射击游戏）诞生于日本，是最早的一种电子游戏，甚至是早期电子游戏的象征。

最早的具有影响力的 STG 游戏是《Space Invaders（太空侵略者)》，该游戏诞生于 1978 年，并很快占据了电子游戏市场。《Space Invaders》的游戏任务就是：在侵略者到达地面之前，将他们全部击落。《Space Invaders》对游戏者的制约很大，自机只能一次发射一束激光。不过，它已经让玩家感受到瞄准、射击和躲避等乐趣。《Space Invaders》从程序、造型、图像、企划到硬件的构想，都是由一位叫西角友宏的天才程序员在三个月内完成。

《Space Invaders》在日本和美国都受到广泛地欢迎。那个时候，日本到处都有所谓的“invaders house”。“invaders house”就是只有《Space Invaders》游戏的游戏厅，它大多设置在成年人的娱乐场所，如保龄球馆或者溜冰场。很多人在这种游戏厅内，一玩就是数小时。

2.《Galaxian（小蜜蜂)》

1979 年，Namco 公司发表了《Galaxian（小蜜蜂)》游戏，其在《Space Invaders》的基础上，提高了画面质量，并也曾加了一些创意。

3.《Xevious（铁板阵)》

1982 年，诞生了世界第一部“纵版”射击游戏——《Xevious（铁板阵)》。它是具有革命性的作品，是 80 年代 STG 游戏辉煌历史的开端。它使得游戏中的虚拟世界变得更广阔，而且游戏场景更加真实。此外，与以往不同的是，《Xevious》中有两种武器：一种用来打击空中的飞行物，而另一种则用来打击地面目标。

4.《Gradius（沙罗曼蛇)》、《R-Type》

80 年代前期，电子游戏迅速发展，游戏画面质量有了很大提升，而且每款新游戏都采用了很多新的技术。在那个年代，人们所说的电子游戏，通常就是指 STG 游戏。虽然当时出现了很多 STG 游戏，不过只有少数几个称得上是 STG 游戏的里程碑。《Gradius（沙罗曼蛇)》与其后的《R-Type》是其中的代表。

《Gradius》共设计了 8 个不同背景的关卡，而在之前的 STG 游戏中，各个关卡的背景类似，只是难度不同。此外，《Gradius》也改变了射击游戏的模式，使曾经简单的 STG 变得复杂。游戏中，击毁敌机可以获得能量胶囊，可利用胶囊并根据自己的喜好来增强自机的火力。

继《Gradius》之后，《R-type》也同样获得了成功。《R-type》采用了很多《异形》电影的设计，并创新出“蓄力攻击”的操作模式。在《R-type》中，按住操作键一段时间后，可以“蓄力”积攒出强大的武器。

5.《烈火》

80 年代后期是 STG 游戏的黄金时代，当时大作迭出，游戏的图像和声音效果越来越好。但游戏系统却没有实质性的革新，很多游戏都大同小异。在这个时期，出现了很多家用游戏机，例如任天堂公司的 NES 游戏机（红白机）。NES 上有许多 STG 游戏，在 NES 市场的末期，还产生了一部十分优秀的 STG 游戏——《烈火》。

6.《怒首领蜂》

90 年代初期，旧式的 STG 游戏发展到了顶峰，新的游戏作品层出不穷，质量也越来越好。但 STG 游戏也变得越来越难，很少有玩家能顺利通关并见到游戏的结局。这一时期还产生了“弹幕 STG”，这类游戏的画面上到处都是子弹。“弹幕 STG”并没有想象中那么难，只要集中注意力，还是可以找到生存的空隙。Cave 公司制作的《怒首领蜂》是“弹幕 STG”的开端，此游戏极富挑战性。

7.《闪亮银枪》

此后，PlayStation 和土星游戏机上还产生了一些优秀的 3D 射击游戏，如《闪亮银枪》。但大多数的 3D 的 STG 游戏依然没有改变 2D 的玩法，空战类的 STG 游戏也逐渐没落。

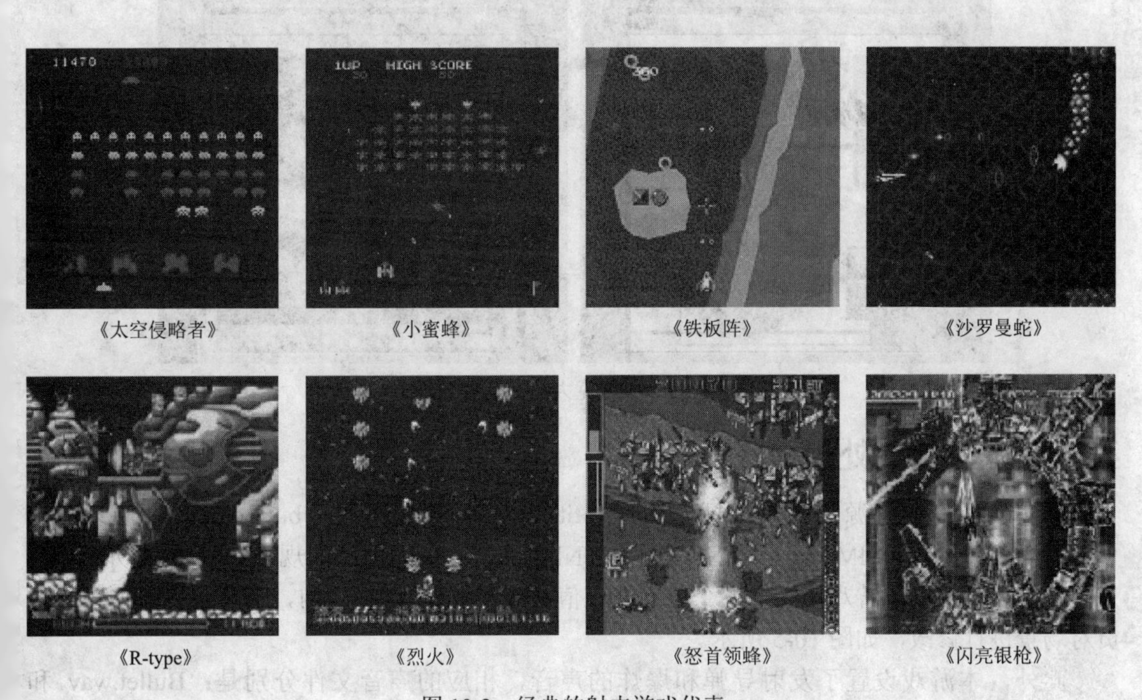

《太空侵略者》 《小蜜蜂》 《铁板阵》 《沙罗曼蛇》

《R-type》 《烈火》 《怒首领蜂》 《闪亮银枪》

图 10-2 经典的射击游戏代表

第二节 《坦克大战》射击游戏开发

关键点：①规则、②效果、③处理、④流程、⑤操作。

大多数年轻人应该都玩过坦克大战游戏，它曾伴随一代人度过了儿时美好的时光。一提起这款游戏，人们的都会回想起当年在任天堂 8 位游戏机上激烈战斗的场面。

一、操作规则

本章将要制作的《坦克大战》游戏的游戏规则是：

1. 在游戏中，玩家控制一辆坦克，通过手机的方向键移动坦克，按手机的中心键可让坦克发射炮弹。

2. 在与敌方坦克作战的同时，玩家还要注意保护本方的司令部，不允许敌人接近它。

3. 游戏胜利的条件是：在保证本方司令部安全的前提下消灭所有敌方坦克，一旦玩家坦克中弹或本方司令部被摧毁，则游戏结束。

4. 游戏场景中有石头、砖墙、树林及海洋等区域，其中石头、砖墙和海洋三种区域不允许坦克通过，而砖墙可用炮弹摧毁，同时炮弹也可穿越海洋和树林。

二、本例效果

本例运行实际效果见图 10-3。

图 10-3 《坦克大战》运行效果

三、资源文件的处理

本实例所需的资源文件有：标题图片（title.png）、按钮图片（button.png）、场景图片（map.png）、主角（MM.png）及 NPC 图片（NPC.png），所有图片的规格如图 10-4 所示。

与上一章相同，游戏场景中各个单元的取值存放在 map.txt 文件内，这样可以方便策划人员对场景进行修改，如图 10-5 所示。

此外，本游戏设置了发射导弹和爆炸的声音，相应的声音文件分别是：Bullet.wav 和 Explosion.wav。

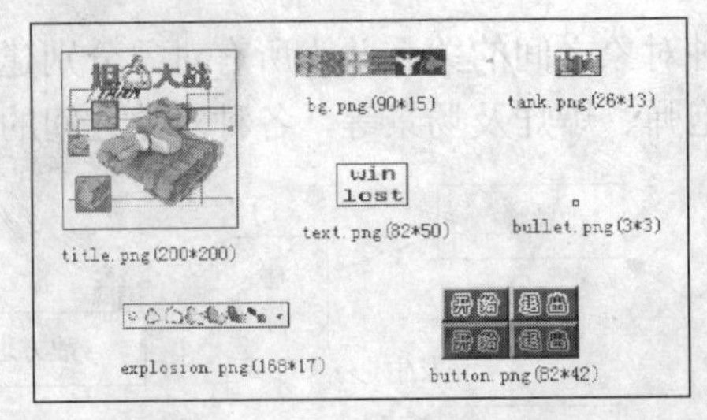

图 10-4 《坦克大战》资源文件

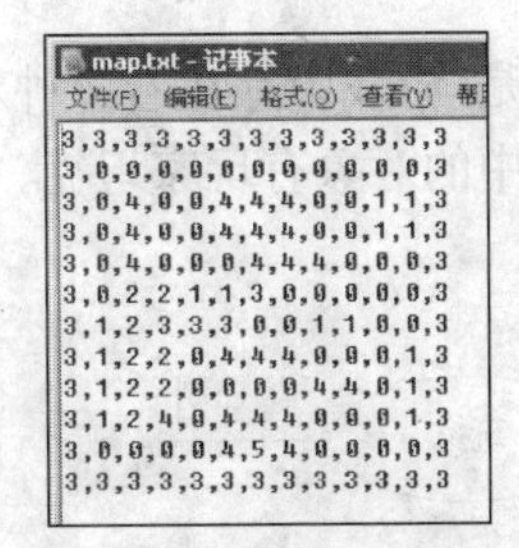


```
3,3,3,3,3,3,3,3,3,3,3,3,3
3,0,0,0,0,0,0,0,0,0,0,0,3
3,0,4,0,0,4,4,4,0,0,1,1,3
3,0,4,0,0,4,4,4,0,0,1,1,3
3,0,4,0,0,0,4,4,4,0,0,0,3
3,0,2,2,1,1,3,0,0,0,0,0,3
3,1,2,3,3,3,0,0,1,1,0,0,3
3,1,2,2,0,4,4,4,0,0,0,1,3
3,1,2,2,0,0,0,0,4,4,0,1,3
3,1,2,4,0,4,4,4,0,0,0,1,3
3,0,0,0,0,4,5,4,0,0,0,0,3
3,3,3,3,3,3,3,3,3,3,3,3,3
```

图 10-5 《坦克大战》地图文件

四、开发流程（步骤）

本例的开发分为 10 个流程（步骤）：①确定游戏对象、②编写坦克基类、③编写玩家坦克管理类、④编写敌方坦克管理类、⑤编写炮弹管理类、⑥编写爆炸管理类、⑦编写游戏场景管理类、⑧绘制本例程序开发流程、⑨编写本例代码、⑩运行并发布产品，见如图 10-6 所示。

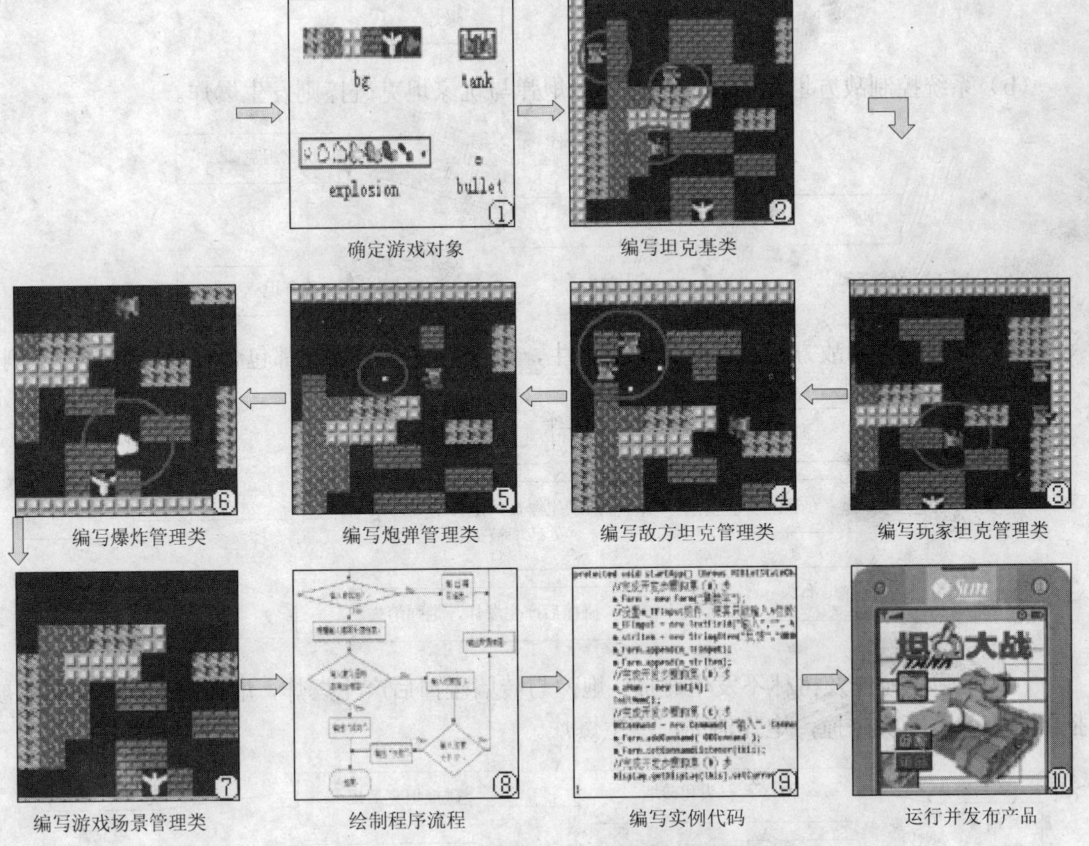

图 10-6 《坦克大战》程序开发流程图

五、具体操作

流程 1 确定游戏对象（制作难点及其解决方法）

本游戏几乎覆盖了本书的所有知识点，可以说是本书知识点的综合利用，所以制作本章游戏之前，需要系统地掌握本书前面章节所介绍的各个知识点。制作本章游戏的过程中所遇到的

主要难点是:游戏中存在着多种对象,确定各种对象之间的关系并为所有对象分别建立管理类。

游戏中的对象有玩家坦克、敌方坦克、炮弹、爆炸及场景等，各种对象之间的关系如下：

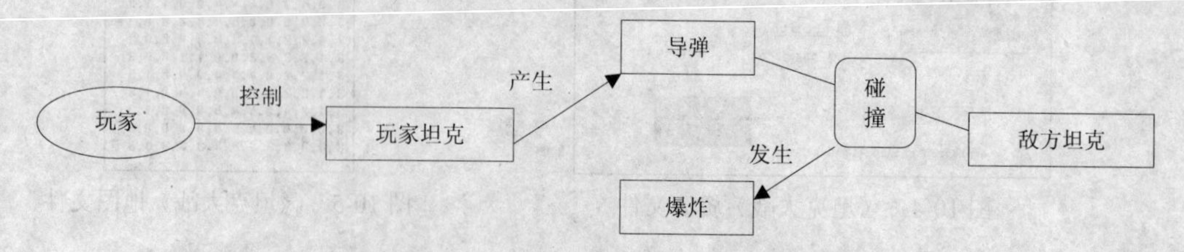

（a）玩家控制玩家坦克发射炮弹，炮弹与敌方坦克碰撞则发生爆炸。

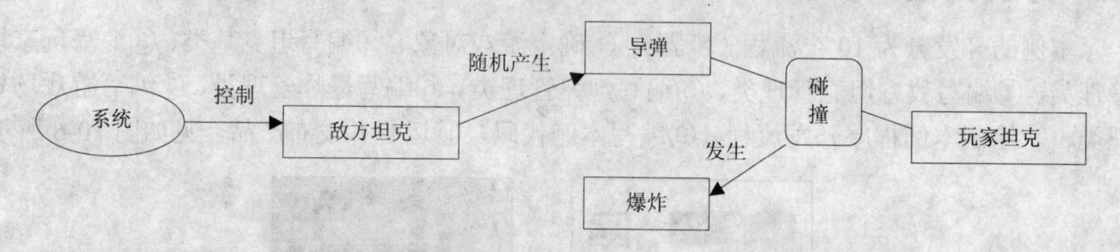

（b）系统控制敌方坦克随机发射炮弹，炮弹与玩家坦克碰撞则发生爆炸。

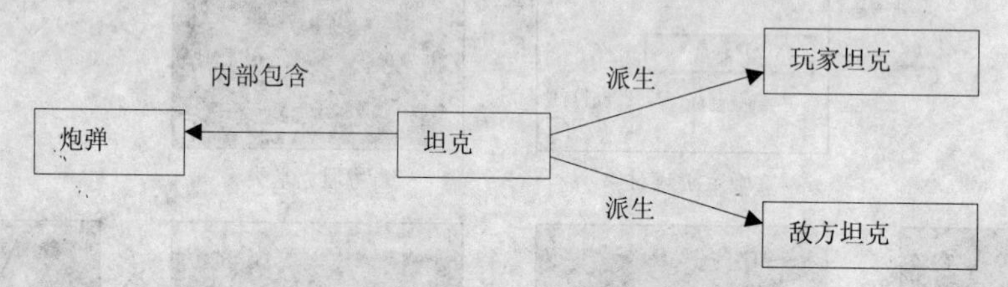

（c）玩家坦克和敌方坦克都从坦克类派生，每个坦克类的实例都包含一个导弹类的实例。

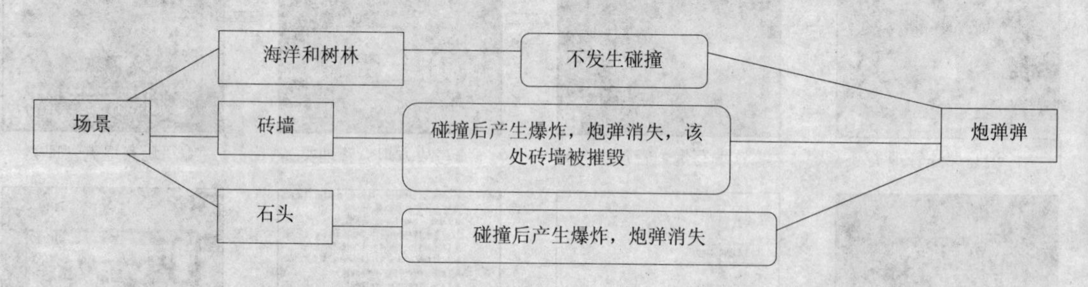

（d）炮弹与海洋及树林不发生碰撞；炮弹与砖墙碰撞后产生爆炸，炮弹消失，该处砖墙被摧毁；炮弹与石头碰撞，炮弹消失，产生爆炸。

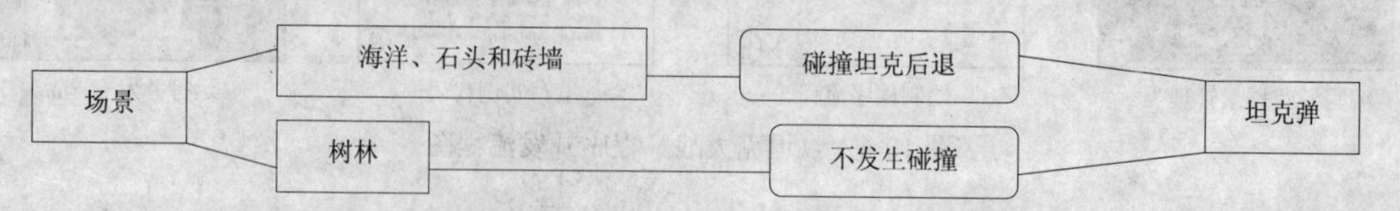

（e）坦克与树林区域不发生碰撞；坦克与海洋、石头及砖墙区域发生碰撞，结果是坦克后退。

根据游戏中各种对象之间的关系，可建立 TankSprite、PlayerTank、EnemyTenk、Scene、ExplosionSprite 及 BulletSprite 等类来分别管理坦克、玩家坦克、敌方坦克、场景、爆炸及炮弹等几种对象，各个类的代码如下：

流程2 编写坦克基类

- TankSprite 类

```
import java.io.*;
import javax.microedition.lcdui.*;
import javax.microedition.lcdui.game.*;
public class TankSprite extends Sprite{
    //当前的方向，0表示向上，1表示向右，2表示向下，3表示向左
    protected int m_nDir;
    protected int m_nLastMovX = 0;                    //上次X轴方向的移动距离
    protected int m_nLastMovY = 0;                    //上次Y轴方向的移动距离
    protected int m_nSpeed       = 0;                 //速率
    public BulletSprite m_Bullet;                     //炮弹对象
    public TankSprite(Image image, int frameWidth, int frameHeight) {
        super(image, frameWidth, frameHeight);
        defineReferencePixel(frameWidth / 2, frameHeight / 2);
        setVisible( false );                          //刚产生时，并不可见
        try{
            Image img = Image.createImage("/bullet.png");
            m_Bullet = new BulletSprite(img,3,3);
        }
        catch(IOException ioe){}
        catch(Exception e){}
    }
    //启动坦克，传入坦克位置、方向、速度等参数
    public void Start( int nX, int nY, int nDir, int nSpeed ) {
        SetDir( nDir );
        setRefPixelPosition( nX, nY );
        m_nSpeed = nSpeed;
        setVisible( true );
    }
    //当坦克被炸毁后，调用此方法使坦克消失
    public void Stop() {
        setVisible(false);
    }
    //处理逻辑操作，上层每50毫秒调用一次该方法
    public void Logic(){
        m_Bullet.Logic();
    }
    //设置坦克方向，注意要根据方向来转换精灵的图像
    public void SetDir( int nDir ){
        m_nDir = nDir;
        switch( m_nDir ){
        case 0:
            setTransform(TRANS_NONE);
            break;
        case 1:
            setTransform(TRANS_ROT90);
            break;
        case 2:
            setTransform(TRANS_ROT180);
```

```
                break;
            default:
                setTransform(TRANS_MIRROR_ROT270);
                break;
            }
        }
        //移动坦克，每次移动后，都要记录移动的距离，以便将来做后退出操作
        public void Move(int nX, int nY) {
            int nToX = getRefPixelX() + nX;
            int nToY = getRefPixelY() + nY;
            m_nLastMovX = nX;
            m_nLastMovY = nY;
            setRefPixelPosition( nToX, nToY );
        }
        //坦克后退，并将m_nLastMovX和m_nLastMovY置0
        public void MoveBack() {
            Move( -m_nLastMovX, -m_nLastMovY );
            m_nLastMovX = 0;
            m_nLastMovY = 0;
        }
        //产生炮弹，如果上次发射的炮弹仍然存在，则不能产生炮弹
        public void CreateBullet(){
            if( m_Bullet.isVisible() )
                return;
            m_Bullet.setVisible(true);
            int nX = getRefPixelX();
            int nY = getRefPixelY();
            m_Bullet.Start( nX, nY, m_nDir, 3 );
        }
    }
```

流程 3 编写玩家坦克管理类

- PlayerTank 类

```
import javax.microedition.lcdui.*;
import javax.microedition.lcdui.game.*;
public class PlayerTank extends TankSprite{
    PlayerTank(Image image, int frameWidth, int frameHeight) {
        super(image, frameWidth, frameHeight);
        setFrame(0);
    }
    //处理按键， 参数keyStates是上层调用getKeyStates()方法的返回值
    public void Input( int keyStates ) {
        if( ( keyStates & GameCanvas.UP_PRESSED ) != 0 ){            //按上键
            SetDir( 0 );
            setTransform(TRANS_NONE);
            Move( 0, -m_nSpeed );
        }
        else if( ( keyStates & GameCanvas.RIGHT_PRESSED ) != 0 ){    //按右键
            SetDir( 1 );
            setTransform(TRANS_ROT90);
```

```
                Move( m_nSpeed, 0 );
            }
            else if( ( keyStates & GameCanvas.DOWN_PRESSED ) != 0 ){        //按下键
                SetDir( 2 );
                setTransform(TRANS_ROT180);
                Move( 0, m_nSpeed );
            }
            else if( ( keyStates & GameCanvas.LEFT_PRESSED ) != 0 ){        //按左键
                SetDir( 3 );
                setTransform(TRANS_MIRROR_ROT270);
                Move( -m_nSpeed, 0 );
            }
            if( ( keyStates & GameCanvas.FIRE_PRESSED ) != 0 ){          //按中心键
                CreateBullet();
            }
        }
    }
```

流程 4　编写敌方坦克管理类

- EnemyTank 类

```
import java.util.*;
import javax.microedition.lcdui.*;
public class EnemyTank extends TankSprite{
    private Random m_Random;
    EnemyTank(Image image, int frameWidth, int frameHeight) {
        super(image, frameWidth, frameHeight);
        setFrame(1);
        m_Random = new Random();
    }
    //进行逻辑操作
    public void Logic(){
        super.Logic();                                    //调用父类的逻辑操作
        if( !isVisible() )
            return;
        //根据当前方向，移动敌方坦克
        switch( m_nDir ){
        case 0:                                           //向上移动
            Move( 0, -m_nSpeed );
            break;
        case 1:                                           //向右移动
            Move( m_nSpeed, 0 );
            break;
        case 2:                                           //向下移动
            Move( 0, m_nSpeed );
            break;
        default:                                          //向左移动
            Move( -m_nSpeed, 0 );
            break;
        }
        int nRs = m_Random.nextInt() % 20;                //以二十分之一的概率，发射炮弹
```

```
            if( Math.abs(nRs) == 0 )
                CreateBullet();
        }
        public void Move(int nX, int nY) {
            super.Move(nX, nY);                              //调用父类的移动操作
            RandomDir();                                     //随机改变方向
        }
        private void RandomDir(){                            //随机改变方向
            //只有坦克移动到单元格的中心，才可以改变方向
            int nX = getRefPixelX();
            int nHalfCellWidth = 15 / 2;
            if( nX % 15 != nHalfCellWidth )
                return;
            int nY = getRefPixelY();
            int nHalfCellHeight = 15 / 2;
            if( nY % 15 != nHalfCellHeight )
                return;
            int nRs = m_Random.nextInt() % 3;
            if( Math.abs(nRs) != 0 )
                return;
            int nDir = Math.abs( m_Random.nextInt() % 4 );
            SetDir( nDir );
        }
    }
```

流程 5　编写炮弹管理类

```
    BulletSprite类
    import java.io.*;
    import javax.microedition.lcdui.*;
    import javax.microedition.lcdui.game.*;
    import javax.microedition.media.*;
    public class BulletSprite extends    Sprite{
        private int m_nSpeed   = 0;                          //炮弹速率
        private int m_nDir          = 0;                     //炮弹方向
        private Player m_Player;
        public BulletSprite(Image image, int frameWidth, int frameHeight) {
            super(image, frameWidth, frameHeight);
            defineReferencePixel( frameWidth / 2, frameHeight / 2 );
            setVisible(false);
            try{
                InputStream is = this.getClass().getResourceAsStream("/Bullet.wav");
                m_Player = Manager.createPlayer(is,"audio/x-wav");
            }
            catch (Exception e){}
        }
        public void Start( int nX, int nY, int nDir, int nSpeed ) {          //发射炮弹
            m_nSpeed        = nSpeed;
            m_nDir          = nDir;
            setRefPixelPosition( nX, nY );
            setVisible(true);
            try{
```

```
                m_Player.start();
            }
            catch (Exception e){}
        }
        public void Stop() {                                      //令炮弹消失
            setVisible(false);
        }
        public void Logic() {                                     //逻辑操作，自动移动炮弹
            if( !isVisible() )
                return;
            int nX = getRefPixelX();
            int nY = getRefPixelY();
            switch( m_nDir ){
            case 0:                                               //上方
                nY -= m_nSpeed;
                break;
            case 1:                                               //右方
                nX += m_nSpeed;
                break;
            case 2:                                               //下方
                nY += m_nSpeed;
                break;
            case 3:                                               //左方
                nX -= m_nSpeed;
                break;
            }
            setRefPixelPosition( nX, nY );
        }
        public int GetCurCol(){                                   //得到炮弹当前所在地图单元的列号
            int x = getRefPixelX();
            if( m_nDir == 1 )                                     //得到炮弹头的位置
                x += 1;
            if( m_nDir == 3 )                                     //得到炮弹头的位置
                x -= 1;
            return x / 15;
        }
        public int GetCurRow(){                                   //得到炮弹当前所在地图单元的行号
            int y = getRefPixelY();
            if( m_nDir == 0 )                                     //得到炮弹头的位置
                y -= 1;
            if( m_nDir == 2 )                                     //得到炮弹头的位置
                y += 1;
            return y / 15;
        }
    }
```

流程 6　编写爆炸管理类

- ExplosionSprite 类

```
import java.io.*;
import javax.microedition.lcdui.*;
```

```
import javax.microedition.lcdui.game.*;
import javax.microedition.media.*;
public class ExplosionSprite extends Sprite
{
    private Player m_Player;                                    //音效播放器
    ExplosionSprite(Image image, int frameWidth, int frameHeight) {
        super(image, frameWidth, frameHeight);
        defineReferencePixel( frameWidth / 2, frameHeight / 2 );
        setVisible( false );
        try{
            InputStream is = this.getClass().getResourceAsStream("/Explosion.wav");
            m_Player = Manager.createPlayer(is,"audio/x-wav");
        }
        catch (Exception e){}
    }
    public void Start( int nX, int nY ){                        //启动爆炸
        setRefPixelPosition( nX, nY );
        setVisible(true);
        setFrame(0);
        try{
            m_Player.start();
        }
        catch (Exception e){}
    }
    public void Logic()                                         //逻辑操作，更换爆炸精灵的帧
    {
        if( !isVisible() )
            return;
        int nFrame = getFrame();
        nFrame ++;
        if( nFrame >= getFrameSequenceLength() )
            setVisible( false );
        else
            setFrame( nFrame );
    }
}
```

流程 7　编写游戏场景管理类

- Scene 类

```
import java.io.*;
import javax.microedition.lcdui.*;
import javax.microedition.lcdui.game.*;
public class Scene
{
    public TiledLayer m_LyCanPass;         //坦克可通过的区域（如树林）
    public TiledLayer m_LyBulletPass;      //坦克不能通过，炮弹可通过的区域（如海洋）
    public TiledLayer m_LyCanHit;          //坦克不能通过，炮弹可摧毁的区域（如砖墙）
    public TiledLayer m_LyNotPass;         //坦克和炮弹都不能通过的区域（如石头墙）
    public TiledLayer m_LyHQ;              //玩家司令部所在的区域
    Scene()
```

```
    {
        try
        {
            Image image = Image.createImage("/bg.png");
            m_LyCanPass = new TiledLayer( 13, 12, image, 15, 15 );
            m_LyBulletPass = new TiledLayer( 13, 12, image, 15, 15 );
            m_LyCanHit = new TiledLayer( 13, 12, image, 15, 15 );
            m_LyNotPass = new TiledLayer( 13, 12, image, 15, 15 );
            m_LyHQ   = new TiledLayer( 13, 12, image, 15, 15 );
        }
        catch(Exception e){}
    }
    public void LoadMap()                                   //读取场景地图文件
    {
        try
        {
            InputStream is = getClass().getResourceAsStream("/map.txt");
            int ch = -1;
            for( int nRow = 0; nRow < 12; nRow ++ )
            {
                for( int nCol = 0; nCol < 13; nCol ++ )
                {
                    ch = -1;
                    while( ( ch < 0 || ch > 6 ) )
                    {
                        ch = is.read();
                        if( ch == -1 )
                            return;
                        ch = ch - '0';
                    }
                    m_LyCanPass.setCell( nCol, nRow, 0 );
                    m_LyBulletPass.setCell( nCol, nRow, 0 );
                    m_LyCanHit.setCell( nCol, nRow, 0 );
                    m_LyNotPass.setCell( nCol, nRow, 0 );
                    m_LyHQ.setCell( nCol, nRow, 0 );
                    if( ch == 1 )
                        m_LyCanPass.setCell( nCol, nRow, ch );
                    else if( ch == 2 )
                        m_LyBulletPass.setCell( nCol, nRow, ch );
                    else if( ch == 3 )
                        m_LyNotPass.setCell( nCol, nRow, ch );
                    else if( ch == 4 )
                        m_LyCanHit.setCell( nCol, nRow, ch );
                    else
                        m_LyHQ.setCell( nCol, nRow, ch );
                }
            }
        }
        catch(Exception e){}
    }
}
```

流程 8　绘制程序开发流程

难点问题逐一解决之后，则可以正式开始制作游戏。与上一章游戏的制作过程相同，首先仍然需要绘制程序流程图。本例的主程序框架中定义了三种显示状态，分别是：标题画面状态、游戏状态、结束状态。主程序的流程如图 10-7 所示。

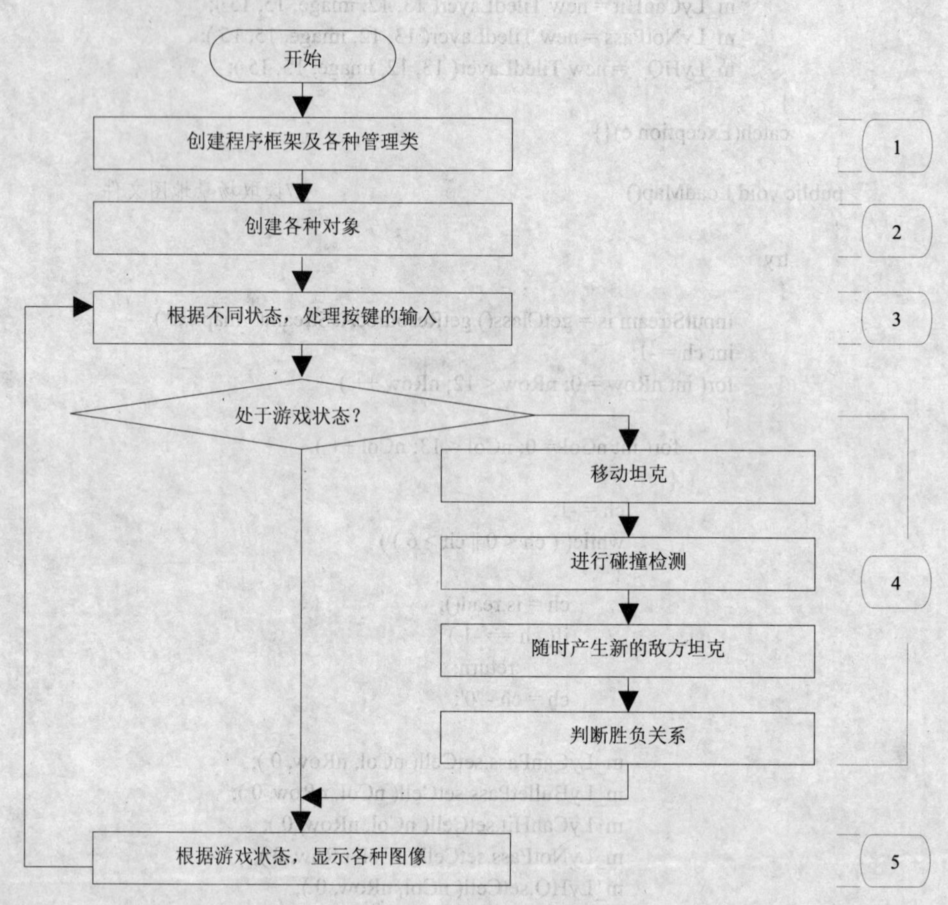

图 10-7　《坦克大战》程序开发流程图

流程 9　编写本例代码

利用 WTK 创建 Tank 项目，设置项目的 MIDlet 名称为 TankMIDlet，参考本书第 9 章的实例来修改 TankMIDlet 类的代码，并将资源文件存放到 Tank 项目的 res 子目录中。

然后，在 Tank 项目的 src 子目录中添加 MainCanvas.java 文件，并参照第 8 章的方法来创建本游戏的程序框架。接着在 src 目录中添加 MyUI.java、Scene.java、TankSprite.java、PlayerTanke.java、EnemyTanke.java、BulletSprite.java、ExplosionSprite.java 等几个文件，其中 MyUI 类的代码与上一章 9.4 节所给出的同名类相同，其余类的代码与本章 10.4 节所给出的同名类相同。

至此，已经完成程序流程图中的第（1）步操作。

最后，在 MainCanvas 类的各个接口中添加具体的功能代码。修改后的 MainCanvas 类代码如下所述，请参照注释进行理解。

```
import java.util.*;
import javax.microedition.lcdui.*;                          //导入显示支持类
import javax.microedition.lcdui.game.*;
public class MainCanvas extends GameCanvas implements Runnable{
    //定义游戏状态值
    public static final int GAME_UI             = 0;        //进入用户界面
    public static final int GAME_GAMING = 1;                //进行游戏
    public static final int GAME_END            = 2;        //游戏结束
    private int m_nState    = GAME_UI;                      //存储当前的游戏状态
    private MyUI            m_UI;                           //界面对象
    private Sprite          m_TextSp;                       //图形文字对象
    private PlayerTank      m_Tank;                         //玩家坦克对象
    private int             m_nDestroyETank;                //目前消灭的敌方坦克数
    private EnemyTank       m_eTank[];                      //敌方坦克对象
    private Scene           m_Scene;                        //场景对象
    private ExplosionSprite     m_aExplosion[];             //爆炸对象
    private Random          m_Random;                       //随机数对象
    private LayerManager        m_LayerManager;             //层管理器对象
    public MainCanvas(){
        super(true);
        try{
            //完成程序流程图中的第（2）步操作
            m_UI = new MyUI();                              //创建界面
            m_Random = new Random();                        //创建随机数对象
            //创建图层管理器
            m_LayerManager = new LayerManager();
            //创建我方坦克对象
            Image image = Image.createImage("/tank.png");
            m_Tank = new PlayerTank( image, 13, 13 );
            m_LayerManager.append( m_Tank );
            m_LayerManager.append( m_Tank.m_Bullet );
            //创建敌方坦克
            m_eTank = new EnemyTank[2];
            for( int n = 0; n < m_eTank.length; n ++ ){
                m_eTank[n] = new EnemyTank( image, 13, 13 );
                m_LayerManager.append(m_eTank[n]);
                m_LayerManager.append(m_eTank[n].m_Bullet);
            }
            //创建爆炸对象
            m_aExplosion = new ExplosionSprite[3];
            image = Image.createImage("/explosion.png");
            for( int m = 0; m < m_aExplosion.length; m ++ ){
                m_aExplosion[m] = new ExplosionSprite( image, 21, 17 );
                m_LayerManager.append(m_aExplosion[m]);
            }
            //创建场景对象
            m_Scene = new Scene();
            m_LayerManager.append(m_Scene.m_LyCanPass);
            m_LayerManager.append(m_Scene.m_LyBulletPass);
            m_LayerManager.append(m_Scene.m_LyCanHit);
            m_LayerManager.append(m_Scene.m_LyNotPass);
```

```
            m_LayerManager.append(m_Scene.m_LyHQ);
            //创建文字对象
            Image img = Image.createImage("/text.png");
            m_TextSp = new Sprite(img, 82, 25);
            m_TextSp.defineReferencePixel(41, 23);
            int x = getWidth()/2;
            int y = getHeight()/2 - 10;
            m_TextSp.setRefPixelPosition(x, y);
        }
        catch (Exception ex){                          //暂不做出错处理
        }
        Thread thread = new Thread(this);              //新建线程，用于不断更新绘图
        thread.start();
    }
    private void Reset(){
        m_nDestroyETank = 0;                           //当前已消灭的敌方坦克数量
        m_Scene.LoadMap();                             //读取场景地图
        //玩家坦克启动
        m_Tank.Start( 15 * 3 + 7, 15 * 10 + 7, 0, 2 );
        SetViewWindow();                               //设置游戏画面的显示区域
    }
    public void run() {                                //继承Runnable所必须添加的接口
        //获取系统当前时间，并将时间换算成以毫秒为单位的数
        long T1 = System.currentTimeMillis();
        long T2 = T1;
        while(true){
            T2 = System.currentTimeMillis();
            if( T2 - T1 > 100 ){                       //间隔100毫秒
                T1 = T2;
                Input();
                Logic();
                Paint();
            }
        }
    }
    public void Input(){
        //完成程序流程图中的第（3）步操作
        int keyStates = getKeyStates();
        switch( m_nState ){
        case GAME_UI:                                  //处于标题画面状态
            int n = m_UI.Input( keyStates );
            if( n == 0 ){                              //按下开始键
                Reset();
                m_nState = GAME_GAMING;
            }
            else if( n == 1 ){                         //按下退出键
                TankMIDlet.midlet.notifyDestroyed();
            }
            break;
        case GAME_END:                                 //处于游戏结束状态
            if( ( keyStates & GameCanvas.FIRE_PRESSED ) != 0 ){
```

```
                m_nState = GAME_GAMING;
                Reset();                                        //游戏复位
            }
            break;
        case GAME_GAMING:
            m_Tank.Input( keyStates );
            break;
        }
    }
    public void Logic(){
        switch( m_nState ){
        case GAME_UI:                                           //处于标题画面状态
        case GAME_END:                                          //处于游戏结束状态
            break;
        case GAME_GAMING:                                       //进入游戏
            //完成程序流程图中的第（4）步操作
            //爆炸逻辑
            for( int m = 0; m < m_aExplosion.length; m ++ ){
                m_aExplosion[m].Logic();
            }
            //坦克逻辑
            m_Tank.Logic();
            for( int n = 0; n < m_eTank.length; n ++ ){
                m_eTank[n].Logic();
            }
            CheckCollision();                                   //碰撞检测
            CreateETank();                                      //产生新的敌方坦克
            SetViewWindow();                                    //设置显示区域
            if( m_nDestroyETank >= 20 )
                Win();
            break;
        }
    }
    protected void Paint() {
        //完成程序流程图中的第（5）步操作
        Graphics g = getGraphics();
        g.setColor(0);                                          //设置当前色为黑色
        g.fillRect( 0, 0, getWidth(), getHeight() );            //用当前色填充整个屏幕
        switch( m_nState ){
        case GAME_UI:                                           //显示界面
            m_UI.Paint(g, getWidth(), getHeight());
            break;
        case GAME_GAMING:                                       //显示游戏画面
            m_LayerManager.paint(g, 0, 0);
            break;
        case GAME_END:
            m_TextSp.paint(g);
            break;
        }
        flushGraphics();
    }
```

```
    private void SetViewWindow(){                                    //设置可视区域
        if( m_LayerManager == null )
            return;
        int w = 15 * 13;                                             //场景宽度
        int h = 15 * 12;                                             //场景高度
        int srcW = getWidth();                                       //屏幕宽度
        int srcH = getHeight();                                      //屏幕高度
        //根据玩家坦克的位置，设置游戏画面的显示区域
        int x = m_Tank.getRefPixelX() - srcW/2;
        int y = m_Tank.getRefPixelY() - srcH/2;
        if( x > w - srcW )
            x = w - srcW;
        if( x < 0 )
            x = 0;
        if( y > h - srcH )
            y = h - srcH;
        if( y < 0 )
            y = 0;
        m_LayerManager.setViewWindow( x, y, srcW, srcH );
    }
    private void CheckCollision(){                                   //碰撞检测
        BulletSprite mB = m_Tank.m_Bullet;                           //我方炮弹
        BulletSprite mEB = null;                                     //敌方炮弹
        for( int n = 0; n < m_eTank.length; n ++ ){
            mEB = m_eTank[n].m_Bullet;
            if( mEB.collidesWith( m_Tank, false ) ){                 //敌人子弹和我方坦克碰撞
                mEB.setVisible(false);
                Lost();                                              //游戏失败
                break;
            }
            if( mEB.collidesWith( mB, false ) ){                     //敌人子弹和我方子弹碰撞
                mEB.setVisible(false);
                mB.setVisible(false);                                //子弹消失
                break;
            }
            if( mB.collidesWith( m_eTank[n], false ) ){              //我方子弹和敌人坦克碰撞
                CreateExplosion(mB.getRefPixelX(), mB.getRefPixelY());
                mB.setVisible( false );
                m_eTank[n].setVisible( false );
                m_nDestroyETank ++;
            }
            if( m_Tank.collidesWith( m_eTank[n], false ) ){         //我方坦克和敌人碰撞
                m_Tank.MoveBack();                                   //都向后退
                m_eTank[n].MoveBack();
            }
            //敌人和地图碰撞，敌人向后退
            if( m_eTank[n].collidesWith( m_Scene.m_LyBulletPass, false ) ){
                m_eTank[n].MoveBack();
            }
            else if( m_eTank[n].collidesWith( m_Scene.m_LyCanHit, false ) ){
                m_eTank[n].MoveBack();
```

```
            }
            else if( m_eTank[n].collidesWith( m_Scene.m_LyNotPass, false ) ){
                m_eTank[n].MoveBack();
            }
            //子弹超出场景范围
            int nERow = mEB.GetCurRow();
            int nECol = mEB.GetCurCol();
            if( nERow < 0 || nERow >= m_Scene.m_LyCanHit.getRows() ||
                    nECol < 0 || nECol >= m_Scene.m_LyCanHit.getColumns() ){
                mEB.setVisible(false);
                continue;
            }
            //敌人子弹与地图相撞
            if( mEB.collidesWith( m_Scene.m_LyHQ, false ) ){            //子弹打到司令部
                m_Scene.m_LyHQ.setCell( nECol, nERow, 6 );
                CreateExplosion(mEB.getRefPixelX(), mEB.getRefPixelY());
                mEB.setVisible( false );
                Lost();                                                  //游戏失败
                return;
            }
            if( mEB.collidesWith( m_Scene.m_LyCanHit, false ) ){        //可摧毁的区域
                m_Scene.m_LyCanHit.setCell( nECol, nERow, 0 );
                CreateExplosion(mEB.getRefPixelX(), mEB.getRefPixelY());
                mEB.setVisible( false );
            }
            else if( mEB.collidesWith( m_Scene.m_LyNotPass, false ) ){  //不可摧毁的区域
                CreateExplosion(mEB.getRefPixelX(), mEB.getRefPixelY());
                mEB.setVisible( false );
            }
        }
        //我方坦克和地图碰撞，则向后退
        if( m_Tank.collidesWith( m_Scene.m_LyBulletPass, false ) ){
            m_Tank.MoveBack();
        }
        else if( m_Tank.collidesWith( m_Scene.m_LyCanHit, false ) ){
            m_Tank.MoveBack();
        }
        else if( m_Tank.collidesWith( m_Scene.m_LyNotPass, false ) ){
            m_Tank.MoveBack();
        }
        //我方子弹超出场景范围
        int nRow = mB.GetCurRow();
        int nCol = mB.GetCurCol();
        if( nRow < 0 || nRow >= m_Scene.m_LyCanHit.getRows() ||
                nCol < 0 || nCol >= m_Scene.m_LyCanHit.getColumns() ){
            mB.setVisible(false);
            return;
        }
        if( mB.collidesWith( m_Scene.m_LyHQ, false ) ){                 //我方子弹打到司令部
            m_Scene.m_LyHQ.setCell( nCol, nRow, 6 );
            CreateExplosion(mB.getRefPixelX(), mB.getRefPixelY());
```

```
            //游戏失败
            Lost();
            mB.setVisible( false );
        }
        else if( mB.collidesWith( m_Scene.m_LyCanHit, false ) ){            //打到可摧毁的区域
            m_Scene.m_LyCanHit.setCell( nCol, nRow, 0 );
            CreateExplosion(mB.getRefPixelX(), mB.getRefPixelY());
            mB.setVisible( false );
        }
        else if( mB.collidesWith( m_Scene.m_LyNotPass, false ) ){           //打到不可摧毁的区域
            CreateExplosion(mB.getRefPixelX(), mB.getRefPixelY());
            mB.setVisible( false );
        }
    }
    //随机产生敌方坦克
    public void   CreateETank() {
        //以20分之一的概率产生坦克
        int nRs = m_Random.nextInt() % 20;
        if( Math.abs(nRs) != 0 )
            return;
        //如果某一位置的坦克被摧毁，则可以产生新坦克
        for( int n = 0; n < m_eTank.length; n ++ ){
            if( m_eTank[n].isVisible() )
                continue;
            m_eTank[n].Start( n * 2 * 15 + 15 + 7, 15 + 7, 2, 1 );
            break;
        }
    }
    //产生爆炸，参数nX、nY分别是爆炸位置的横纵坐标
    public void CreateExplosion( int nX, int nY ){
        for( int m = 0; m < m_aExplosion.length; m ++ ){
            if( m_aExplosion[m].isVisible() )
                continue;
            m_aExplosion[m].Start( nX, nY );
            break;
        }
    }
    public void Lost(){                                                     //玩家输了
        m_TextSp.setFrame(1);
        m_nState = GAME_END;
    }
    public void Win(){                                                      //玩家赢了
        m_TextSp.setFrame(0);
        m_nState = GAME_END;
    }
}
```

流程 10　运行并发布

完成代码修改并保存文件后，通过 WTK 来运行 Tank 项目，在“MideaControlSkin”模拟器中的运行效果如图 10-3 所示。

本章小结

射击游戏是指游戏者控制各种飞行物（主要是飞机）完成任务或过关的游戏。游戏目的往往是获得最高分数的记录，或者在敌方的枪林弹雨中成功逃生。

射击游戏的特点是：操作略复杂，节奏较快，画面卷动，场面惊险刺激，背景音乐振奋激昂。

开发射击游戏首要解决的技术难点是：弄清子弹的来源，作好子弹与战斗机的碰撞检测。

射击游戏用户群的特点是：他们喜欢挑战，喜欢寻求惊险与刺激；他们可能是飞机或坦克迷；他们也同时喜欢战争题材的游戏或电影。

射击游戏按角色种类可分为：空战类、陆战类、海战类、枪战类；按实现技术可分为：2D射击游戏与3D射击游戏；按镜头角度分为：第一人称射击游戏和普通视角射击游戏。

射击游戏诞生于日本，是最早的一种电子游戏，甚至是早期电子游戏的象征。

思考与练习

1. 射击游戏的定义是什么？射击游戏具有哪些特点？
2. 射击游戏可分为哪些种类？射击游戏的用户群具有哪些特点？
3. 请说出本章游戏使用了哪些资源图片，以及对各个图片的具体要求。
4. 说出本章游戏中存在哪些对象及这些对象之间的关系。
5. 说出本章游戏的程序流程图中使用了哪些基本的程序结构。
6. 说出本章游戏程序的MainCanvas类中SetViewWindow ()方法的作用。
7. 仔细阅读本章游戏程序的MainCanvas类中CheckCollision()方法的代码，并画出该方法内部的程序流程图。

读者回函卡

亲爱的读者：

感谢您对创意文化高校精品课程图书出版工程的支持！为了今后能为您及时提供更为实用、更精美、更优秀的教材图书，请您抽出宝贵时间填写这份读者回函卡。然后剪下并邮寄或传真我们，届时您将享受以下优惠待遇：

- 成为“读者俱乐部”会员，我们将赠送您会员卡，享有购书优惠服务。
- 不定期地抽取幸运读者参加我社举办的技术交流座谈会。
- 意见中肯的热心读者能及时收到我社最新的免费图书咨讯和赠送图书。

姓　　名：__________		性　　别：□男　□女	
职　　业：__________		爱　　好：__________	
联系电话：__________		电子邮件：__________	
通讯地址：__________		邮政编码：__________	

1 您所购买的图书书名：__________ 购买地点：__________

2 您现在对本书所介绍的内容程度是在：□初学阶段　□进阶/专业

3 本书吸引您的地方是：□封面　□内容实用　□作者　□价格　□印刷精美
□内容易读　□配套光盘内容　□其他__________

4 您从何处得知本书：□逛书店　□宣传海报　□网页　□朋友介绍
□出版书目　□书市　□其他__________

5 您经常阅读哪类图书：□平面设计　□网页设计□工业设计□Flash 动画　□二维动画
□三维动画　□后期编辑　□DIY　□Office　□Windows
□计算机编程□美术设计　其他__________

6 您认为什么样的价位最合适：__________

7 请推荐一本您最近见过的最好的教材或图书：
书名：__________出版社__________

8 您对本书的评价：__________

9 您还需要哪方面的教材或图书，对所需要教材或图书有哪些要求：
____

地址：北京市海淀区知春路 111 号理想大厦 909 室张园收　邮编：100086　电话：010-82665118
Email：qinrh@126.com　传真：01082665789　技术支持：010-82665118-815
京华出版社　　　　北京创意智慧教育科技有限公司